U0218228

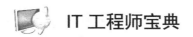

IT 工程师宝典

神经网络与深度学习
——基于 TensorFlow 框架和 Python 技术实现

包子阳　编著

电子工业出版社·
Publishing House of Electronics Industry
北京·BEIJING

内 容 简 介

Python、TensorFlow、神经网络和深度学习因人工智能的流行而成为当下 IT 领域的热门关键词。本书首先介绍了 Python 及其常用库 Numpy、Matplotlib 和 Scipy 的基本使用方法；其次介绍了 TensorFlow 的基本知识及使用方法；然后介绍了神经网络的基础知识以及神经网络基本应用——感知机、线性回归与逻辑回归的理论与实现；最后介绍了两种热门的深度神经网络——卷积神经网络和循环神经网络的理论与实现。本书内容由浅入深，循序渐进，实践性强，包含丰富的仿真实例。

本书适用于电子、通信、计算机、自动化、机器人和经济学等学科以及信号处理、语音识别、图像识别、模式识别、机器翻译和人机交互等领域的读者，可作为高等院校高年级本科生和研究生的学习用书，也可供相关领域的科研人员学习参考。

本书实例源程序可从华信教育资源网（www.hxedu.com.cn）免费下载，或通过与本书责任编辑（zhangls@phei.com.cn）联系获取。

图书在版编目（CIP）数据

神经网络与深度学习：基于 TensorFlow 框架和 Python 技术实现/包子阳编著. —北京：电子工业出版社，2019.4

（IT 工程师宝典）

ISBN 978-7-121-36201-9

Ⅰ. ①神…　Ⅱ. ①包…　Ⅲ. ①人工神经网络－研究②机器学习－研究　Ⅳ. ①TP183②TP181

中国版本图书馆 CIP 数据核字(2019)第 057359 号

责任编辑：张来盛（zhangls@phei.com.cn）
印　　刷：北京盛通数码印刷有限公司
装　　订：北京盛通数码印刷有限公司
出版发行：电子工业出版社
　　　　　北京市海淀区万寿路 173 信箱　邮编：100036
开　　本：787×980　1/16　印张：12.25　字数：280 千字
版　　次：2019 年 4 月第 1 版
印　　次：2025 年 1 月第 15 次印刷
定　　价：49.80 元

凡所购买电子工业出版社图书有缺损问题，请向购买书店调换。若书店售缺，请与本社发行部联系，联系及邮购电话：（010）88254888，88258888。

质量投诉请发邮件至 zlts@phei.com.cn，盗版侵权举报请发邮件至 dbqq@phei.com.cn。

本书咨询联系方式：（010）88254467；zhangls@phei.com.cn。

前　　言

继 2016 年 3 月击败世界围棋大师李世石，AlphaGo 又于 2017 年 5 月横扫中国九段棋手柯洁，从此"人工智能"成为最火热的词汇之一，人工智能的应用遍地开花，热度持续高涨，IT 领域甚至言必称之。因此，众多有志之士欲投身到人工智能的浪潮之中，但如何快速入门成为摆在他们面前的第一道障碍。

千里之行，始于足下。下面先梳理一下人工智能、机器学习和深度学习的关系。人工智能是宽泛概念上的高级计算智能，机器学习是研究人工智能的一个有效手段，而深度学习是机器学习的一个分支。深度学习突破了传统机器学习算法的瓶颈，推动了人工智能领域的快速发展；而目前大多数深度学习都是通过神经网络来实现的。

工欲善其事，必先利其器。神经网络和深度学习的框架和程序实现语言有很多种。其中，TensorFlow 由于其灵活性、高效性和可移植性，成为目前最流行的一种深度学习框架；Python 语言由于其简洁性、易读性和可扩展性，已成为目前最受欢迎的深度学习程序设计语言。

本书基于 TensorFlow 框架和 Python 语言来实现基本神经网络算法和深度学习算法，主要内容包括：第 1 章综述人工智能、机器学习和深度学习的基本知识；第 2 章、第 3 章介绍 Python 及其基础库 Numpy、Matplotlib 和 Scipy 的使用方法；第 4 章介绍 TensorFlow 的基本知识和使用方法；第 5 章、第 6 章介绍神经网络的基础知识以及它的基础应用——感知机、线性回归与逻辑回归的理论与实现；第 7 章、第 8 章介绍两种热门的深度神经网络——卷积神经网络和循环神经网络的理论与实现。

本书旨在作为一本神经网络与深度学习的入门图书，其主要特点有：

（1）系统性：首先介绍 Python、TensorFlow 的使用方法，然后介绍基本神经网络的理论及应用，最后介绍深度神经网络的理论及实现，内容由浅入深、循序渐进。

（2）通用性：程序实例采用通用的数值优化和 MNIST 手写字体案例，适合各学科和各领域的人员理解和学习。

（3）实用性：注重理论联系实际，首先进行理论介绍，然后进行程序实现，通过理论介绍来初步了解算法，通过程序实现来深入理解算法。

本书适于电子、通信、计算机、自动化、机器人和经济学等学科以及信号处理、语音识别、图像识别、模式识别、机器翻译和人机交互等领域的读者阅读，既可作为高等院校高年级本科生和研究生的学习用书，也可供相关领域的科研人员学习参考。

为了便于读者学习和参考，书中的实例程序可在华信教育资源网（https://www.hxedu.com.cn/）免费下载，或通过与本书责任编辑（zhangls@phei.com.cn）联系获取。

在本书编写过程中，得到了北京无线电测量研究所科技委、档信中心、总体部以及航天科工二院"创客银行"项目的支持和帮助，电子工业出版社相关编辑为本书的编辑出版付出了辛勤劳动，特此表示感谢。

最后要感谢我的爱人焦淑娟和爱子包佳铭所给予的支持和动力。由于编著者水平有限，书中定有不足之处，诚望各位专家和读者批评指正。联系方式：bao_ziyang@163.com。

编著者

2019 年 1 月

目　　录

第 1 章
绪 论

1.1 人工智能

1956 年夏，在美国的达特茅斯学院，John McCarthy、Marvin Minsky、Claude Shannon、Allen Newel、Herbert Simon 等科学家聚在一起，共同研究和探讨有关用机器模拟智能的一系列问题，并首次提出了"人工智能"这一术语，标志着人工智能这门新兴学科的正式诞生。

人工智能是计算机科学的一个分支，它试图让人们了解智能的实质，并生产出一种新的能以与人类智能相似的方式做出反应的智能机器。人工智能是研究使计算机模拟人的某些思维过程和智能行为的学科，主要包括计算机实现智能的原理、制造类似于人脑智能的计算机，使计算机能实现更高层次的应用。该领域的研究涉及机器人、语言识别、图像识别、自然语言处理和专家系统等[1]。

实现人工智能是人类长期以来一直追求的梦想。虽然计算机技术在过去几十年里取得了长足的发展，但是实现真正意义上的机器智能至今仍然困难重重。截至目前，还没有一台电脑能产生"自我"的意识。伴随着神经解剖学的发展，观测大脑微观结构的技术手段日益丰富，人类对大脑组织的形态、结构与活动的认识越来越深入，人脑信息处理的奥秘也正在被逐步揭示。如何借助于神经科学、脑科学与认知科学的研究成果，研究大脑信息表征、转换机理和学习规则，建立模拟大脑信息处理过程的智能计算模型，最终使机器掌握人类的认知规律，是"类脑智能"的研究目标。

类脑智能是涉及计算科学、认知科学、神经科学与脑科学的交叉前沿方向。类脑智能的实现离不开对大脑神经系统的研究。众所周知，人脑是由几十亿个高度互连的神经元组成的复杂生物网络，也是人类分析、联想、记忆和逻辑推理等能力的来源。神经元之间通过突触连接来相互传递信息，其连接的方式和强度随着学习发生改变，从而将学习到的知识进行存储。

由模拟人脑中信息存储和处理的基本单元——神经元而组成的人工神经网络模型，具有自学习与自组织等智能行为，能够使机器具有一定程度的智能水平。神经网络的计算结构和学习规则按照生物神经网络设计。在数字计算机中，神经细胞接收周围细胞的刺激并产生相应输出信号的过程，可以用"线性加权和"及"函数映射"的方式来模拟；而网络结构和权值调整的过程可用优化学习算法实现。目前神经网络已经发展了上百种模型，在手写体识别、显著性检测、语音识别和图像识别、模式识别、人机交互、优化算法、深度学习等技术领域取得了非常成功的应用。

1.2 机器学习

机器学习是人工智能的一个分支，也是用来实现人工智能的一个有效手段。简单地说，机器学习就是通过算法使得机器能从大量历史数据中学习规律，从而对新的样本做出智能识别或对未来做出预测。使用大量数据和算法来"训练"机器，由此让机器来学习如何完成任务。

机器学习主要分三种形式，即监督学习、非监督学习、半监督学习。最常见的是监督学习中的分类问题。监督学习的训练样本都含有"标签"，非监督学习的训练样本中都不含"标签"，而半监督学习介于监督学习和非监督学习之间。在监督学习中，因为训练集全部已经标记了，所以关注点通常是在未来测试数据上的性能；而在半监督学习的分类问题中，训练数据中包含未标记的数据。因此，存在两个不同的目标：一个是预测未来测试数据的类别，另一个是预测训练样本中未标记实例的类别[2]。

1.2.1 监督学习

监督学习的训练集要求包括输入输出，也可以说是特征和目标。训练集中的目标是由人为标注的。监督学习中最常见的是分类问题，通过已有的训练样本去训练，得到一个最优模型，再利用这个模型将所有的输入映射为相应的输出，对输出进行简单的判断，从而实现分类的目的，也就具有了对未知数据分类的能力。监督学习的目标往往是让计算机去学习已经创建好的分类系统。常见的监督学习算法有：回归分析和统计分类。

1.2.2 非监督学习

非监督学习事先没有任何训练样本，而需要直接对数据进行建模。样本数据类别未知，需要根据样本间的相似性对样本集进行分类，试图使类内差距最小化，类间差距最大化。通俗点来说，就是实际应用中不少情况下无法预先知道样本的标签，也就是说没有训练样本对应的类别，因而只能从原先没有样本标签的样本集开始学习分类器设计。非监督学习里典型的例子是聚类。聚类的目的在于把相似的东西聚在一起，而并不关心这一类是什么。

1.2.3 半监督学习

半监督学习所给的数据，有的是有标签的，有的是没有标签的。单独使用有标签的样本，能够生成有监督的分类算法；单独使用无标签的样本，能够生成非监督聚类算法。若两者都使用，则希望在有标签的样本中加入无标签的样本，增强有监督分类的效果；同样，希望在无标签的中加入有标签的样本，增强非监督聚类的效果。一般而言，半监督学习侧重于在有监督的分类算法中加入无标记样本来实现半监督分类。

1.3 深度学习

深度学习是机器学习领域一个新的研究方向，近年来在图像识别与检索、语言信息处理、语音识别等众多领域都取得较为成功的发展。深度学习应用的发展基础在于建立模型来模拟人类大脑的神经连接结构，在处理图像、声音和文本这些信号时，通过多个变换阶段分层对数据特征进行描述，进而给出数据的解释。

深度学习是实现机器学习的一种技术，现在所说的深度学习大多是指神经网络。神经网络的灵感，来自人类大脑神经元之间的相互连接。深度学习的概念源于对人工神经网络的研究，多隐藏层的神经网络就是一种深度学习结构。深度学习通过组合低层特征形成更加抽象的高层来表示属性类别或特征，以发现数据的分布式特征表示。

深度学习的概念最早由 Hinton 等人于 2006 年提出，基于深信度网（DBN）提出非监督贪婪训练逐层算法，为解决深层结构相关的优化难题带来了希望[3]。Lecun 等人提出的卷积神经网络是第一个真正多层结构的学习算法，它利用空间相对关系来减少参数数目，以提高训练性能。而源自霍普菲尔德网络并由其变化而来的循环神经网络，已成功应用于语音识别、语言模型、机器翻译等领域，用于处理和预测序列数据。目前，卷积神经网络和循环神经网络是应用最广的两种深度学习模型。

1.3.1　卷积神经网络

卷积神经网络（Convolutional Neural Network，CNN）是近年发展起来，并引起广泛重视的一种高效的识别方法。1962 年，Hubel 和 Wiesel 在研究猫脑皮层中的神经元时，提出了"卷积神经网络"。Fukushima 在 1980 年提出的新识别机，是卷积神经网络的第一个实现网络。随后，更多的科研工作者对该网络进行了改进。其中，具有代表性的研究成果是 Alexander 和 Taylor 提出的"改进认知机"，该方法综合了各种改进方法的优点，并避免了耗时的误差反向传播。现在，卷积神经网络已经成为众多科学领域的研究热点之一，特别是在模式分类领域，由于该网络避免了对图像的复杂前期预处理，可以直接输入原始图像，因而得到了更为广泛的应用。

卷积神经网络是一种前馈神经网络，它的权值共享网络结构使之更类似于生物神经网络，降低了网络模型的复杂度，减少了权值的数量。该优点在网络的输入是多维图像时表现得更为明显，使图像可以直接作为网络的输入，避免了传统识别算法中复杂的特征提取和数据重建过程。卷积神经网络是为识别二维形状而特殊设计的一个多层神经网络，这种网络结构对平移、比例缩放、倾斜或者其他形式的变形具有高度不变性。

卷积神经网络与普通神经网络的区别，在于卷积神经网络包含了一个由卷积层和子采样层构成的特征抽取器，具体叙述详见第 7 章。

1.3.2　循环神经网络

循环神经网络（Recurrent Neural Network，RNN）源自 1982 年由 John Hopfield 提出的霍普菲尔德网络。霍普菲尔德网络因为实现困难，在被提出时并且没有被合适地应用。该网络的结构于 1986 年以后被全连接神经网络以及一些传统的机器学习算法所取代。然而，传统的机器学习算法非常依赖于人工提取的特征，使得基于传统机器学习的图像识别、语音识别以及自然语言处理等问题存在特征提取的瓶颈。而基于全连接神经网络的方法也存在参数太多、无法利用数据中时间序列信息等问题。随着更加有效的循环神经网络结构被不断提出，循环神经网络挖掘数据中的时序信息以及语义信息的深度表达能力被充分利用，并在语音识别、语言模型、机器翻译以及时序分析等方面实现了突破。

循环神经网络的主要用途是处理和预测序列数据。在全连接神经网络或卷积神经网络模型中，网络结构都是从输入层到隐藏层（又称隐含层）再到输出层，层与层之间是全连接或部分连接的，但每层之间的节点是无连接的。但是如果要预测句子的下一个词语是什么，一般需要用到当前词语以及前面的词语，因为句子中前后词语并不是独立的。从网络结构上，循环神经网络会记忆之前的信息，并利用之前的信息影响后面节点的输出。也就是说，循环神经网络的隐藏层之间的节点是有连接的，隐藏层的输入不仅包括输入层的输出，还包括上一时刻隐藏层的输出。

长短时记忆（Long Short-term Memory，LSTM）网络是一种特殊类型的循环神经网络，可以学习长期依赖信息。LSTM 网络由Hochreiter 和 Schmidhuber 于 1997 年提出，并在近期被Alex Graves进行了改良和推广。在很多问题上，LSTM 网络都取得相当巨大的成功，并得到了广泛的使用。LSTM 网络通过特别的设计来避免长期依赖问题。

1.4 实现工具

神经网络和深度学习的程序实现语言和框架很多，程序实现语言有 Python、C++、Java、Go、R、MATLAB、BrainScript、Julia、Scala 和 Lua 等，框架有 TensorFlow、Caffe、CNTK、MXNet、Torch、Theano 和 Neon 等。其中，Python 语言由于其简洁性、易读性和可扩展性，已成为目前最受欢迎的深度学习程序设计语言；TensorFlow 由于其灵活性、高效性和可移植性，已成为目前最流行的一种深度学习框架。

1.4.1 Python

Python 语言是一种极具可读性和通用性的面向对象的编程语言，也是一种易读、易维护、广受欢迎、用途广泛的语言。

Python 是一种解释型的高级编程语言，简单明确，且具有很好的扩充性。我们既可以非常轻松地用其他语言编写模块供其调用，也可以用 Python 编写模块供其他语言通过各种方式轻松地调用。例如，底层复杂且对效率要求高的模块用 C/C++等语言实现，顶层调用的 API 用 Python 封装，这样可以通过简单的语法实现顶层逻辑，故而 Python 又被称为"胶水语言"。在如今的大部分深度学习框架中，要么官方接口就是 Python，要么支持 Python 接口。

1.4.2　TensorFlow

TensorFlow 是 Google 基于 DistDelief 研发的第二代人工智能系统，是一个开源的机器学习库。它最初由 Google 大脑小组的研究员和工程师们开发，用于机器学习和深度神经网络方面的研究，如计算机视觉、语音识别、自然语言理解等，其主要特点是灵活、高效、可移植以及多语言支持等。

TensorFlow 是一个采用数据流图（Data Flow Graph）、用于数值计算的开源软件库。"Tensor"（张量）意味着 N 维数组，"Flow"（流）意味着基于数据流图的计算。在图（Graph）这种数据结构中，包含两种基本元素：节点（Node）和边（Edge）。这两种元素在数据流图中有各自的作用。节点用来表示要进行的数学操作；而任何一种操作都有输入和输出，因此它也可以表示数据输入的起点和输出的终点。边表示节点与节点之间的输入输出关系，一种特殊类型的数据沿着这些边传递。这种特殊类型的数据，在 TensorFlow 中称之为 Tensor，即张量。所谓张量，通俗地说就是多维数组。当向数据流图中输入张量后，节点所代表的操作就会被分配到计算设备完成相关计算。

第 2 章

Python 基础

2.1 Python 简介

2.1.1 概述

    Python 语言是一种极具可读性和通用性的面向对象的编程语言，于 20 世纪 90 年代初由 Guido van Rossum 发明，其名字的"灵感"来源于英国喜剧团体——Monty Python。Python 语言由于其简洁性、易读性以及可扩展性，已成为目前最受欢迎的程序设计语言之一[4]。

    Python 在设计上坚持了清晰划一的风格，这使得 Python 成为一种易读、易维护，并且被大量用户所欢迎的、用途广泛的语言。Python 的设计哲学是"优雅""明确""简单"，其开发哲学是"用一种方法，最好是只有一种方法来做一件事"。

    Python 提供了丰富的 API 和工具，以便程序员能够轻松地使用 C 语言、C++、Cython 来编写扩充模块。Python 编译器本身也可以被集成到其他需要脚本语言的程序内。因此，很多人还把 Python 作为一种"胶水语言"使用，用它将其他语言所编写的程序进行集成和封装。

    众多开源的科学计算软件包都提供了 Python 的调用接口，例如著名的计算机视觉库 OpenCV、三维可视化库 VTK、医学图像处理库 ITK 等。Python 专用的科学计算扩展库就更多了，例如 3 个十分经典的科学计算扩展库——Numpy、Scipy 和 Matplotlib，它们分别为 Python 提供了快速数组处理、数值运算及绘图功能。因此，Python 语言及其众多的扩展库所构成的开发环境，十分适合工程技术人员、科研人员处理实验数据、制作图表，甚至开发科学计算应用程序。

2.1.2　Python 的特点

Python 的主要特点是简单、易学、速度快、代码规范、免费、开源、面向对象、可用库丰富等，这些特点使其成为 2017 年的年度编程语言。

- ➤ 简单：Python 是一种代表简单主义思想的语言。阅读一个良好的 Python 程序就感觉像在读英语一样。它使你能够专注于解决问题而不是去搞明白语言本身。
- ➤ 易学：Python 极其容易上手，因为 Python 有极其简单的说明文档。
- ➤ 速度快：Python 的底层是用 C 语言编写的，而很多标准库和第三方库也都是用 C 写的，因而运行速度非常快。
- ➤ 代码规范：Python 采用强制缩进的方式，使得代码具有较好的可读性。而且，用 Python 语言编写的程序不需要编译成二进制代码。
- ➤ 免费、开源：Python 是 FLOSS（自由/开放源码软件）之一。使用者可以自由地发布这个软件的拷贝，阅读它的源代码，对它做改动，把它的一部分用于新的自由软件中。
- ➤ 面向对象：Python 既支持面向过程的编程，也支持面向对象的编程。在"面向过程"的语言中，程序是由过程或仅仅由可重用代码的函数构建起来的；而在"面向对象"的语言中，程序是由数据和功能所组合而成的对象构建起来的。
- ➤ 可用库丰富：Python 标准库很庞大。例如，Numpy、Scipy 和 Matplotlib 都是经典的科学计算扩展库。

2.1.3　Python 的版本

目前 Python 官方同时支持 Python 2 和 Python 3 两个大版本。Python 2 发布于 2000 年年底；较之于先前的版本，Python 2 是一种更加清晰和更具包容性的语言。Python 3 于 2008 年年末发布，被视为 Python 的未来，是目前正在开发中的语言版本。作为一项重大改革，Python 3 可用以解决和修正以前语言版本的内在设计缺陷；但由于一些历史原因，Python 3 不能向后兼容 Python 2。

2018 年 3 月，Python 语言作者 Guido van Rossum 宣布：将于 2020 年 1 月 1 日终止对 Python 2.7 的支持。Python 3 将继续开发更多的功能和修复更多的错误。随着越来越多的开发人员和团队的注意力集中在 Python 3 上，Python 3 将使这种语言变得更加精细，并与程序员不断变化的需求相一致。相比之下，对 Python 2 的支持将会越来越少。因此，本书基于 Python 3 进行介绍和应用。

2.2　Python 的安装

2.2.1　Python 官网下载安装

（1）在 Python 的官网下载对应系统的 Python 版本，下载地址为 https://www.python.org/downloads/，如图 2.1 所示。因后面将介绍的 TensorFlow 软件需要 64 位 Python 软件支持，因此应下载对应 64 位系统的 Python 安装包（本书以 Python 3.6.7 版本为例）。例如，Windows 系统需要下载的是 Windows x86-64 executable installer。

图 2.1　Python 软件下载界面

（2）下载完成后双击所下载的 exe 程序，进入安装界面，如图 2.2 所示。在安装界面中，可以选择默认安装，也可以自定义安装。在选择路径安装时，需要勾选下方的 "Add Python 3 to PATH"，如此就默认把用户变量直接添加上了，后续不用再添加。

（3）选择好后，继续安装，直至提示安装成功（Setup was successful），如图 2.3 所示。至此，Python 就已成功安装。

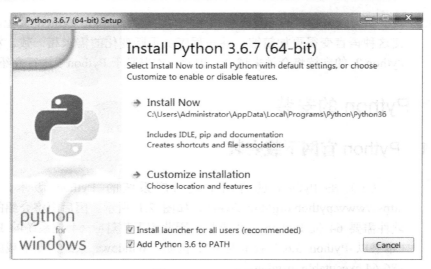

图 2.2　Python 安装界面

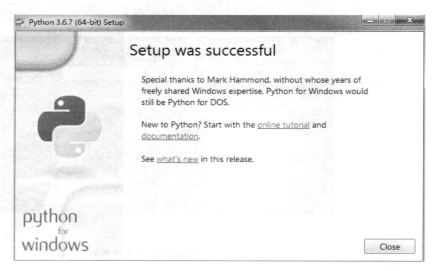

图 2.3　Python 安装成功界面

（4）在所安装的程序中，选择"Python 3.6"下的"IDLE(Python 3.6 64-bit)"。在打开的 IDLE 中输入"print('Hello World!')"，若输出"Hello World!"（如图 2.4 所示），则表示安装的 Python 可正常使用。

图 2.4　Python 使用

2.2.2　Anaconda 的安装

　　Anaconda 是一个开源的Python发行版本，其中包含了 conda、Python 等众多的科学包及其依赖项。Anaconda 通过管理工具包、开发环境、Python 版本，可大大简化工作流程。它不仅可以方便地安装、更新、卸载工具包，而且安装时能自动安装相应的依赖包。在数据可视化、机器学习、深度学习等方面都有涉及；不仅可以做数据分析，而且可以用在大数据和人工智能领域。

　　在 Anaconda 官网（https://www.anaconda.com/download/）或国内镜像网站下载安装包，例如在清华镜像网站（https://mirrors.tuna.tsinghua.edu.cn/anaconda/archive/）下载，如图 2.5 所示。因 Anaconda 软件较大，官网网速较慢，推荐使用镜像下载。由于 TensorFlow 软件需要 64 位 Python 软件支持，因此需要下载对应 64 位系统的安装包。例如，Windows 系统对应 Anaconda3-5.1.0-Windows-x86_64 安装包。

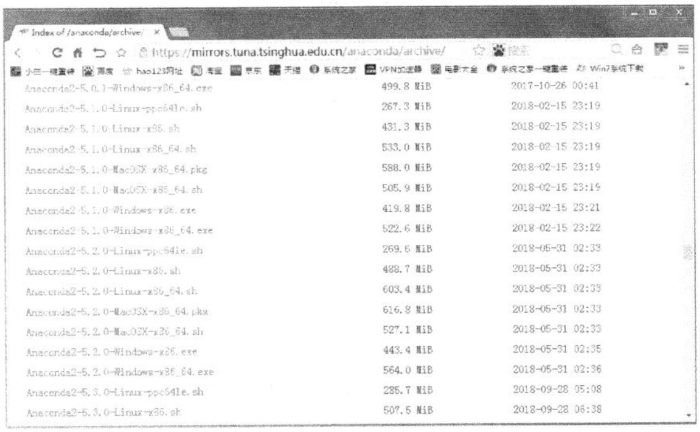

图 2.5　Anaconda 镜像下载界面

　　下载完成后，双击下载好的.exe 文件，出现图 2.6 所示界面，一直单击"Next"（下一步）按钮进行安装。

　　在安装过程中，需要勾选下方的"Add Anaconda to the system PATH environment variable"（如图 2.7 所示），如此就默认把用户变量直接添加上了，后续不用再添加。单击"Install"（安装）按钮，直至提示安装成功，如图 2.8 所示。

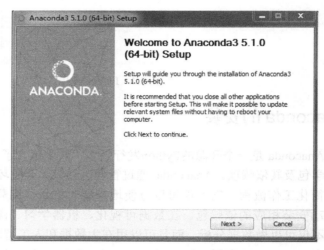

图 2.6　Anaconda 软件安装界面

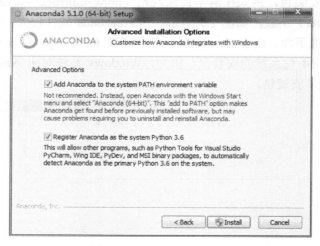

图 2.7　Anaconda 软件安装

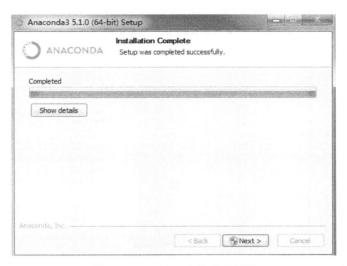

图 2.8　Anaconda 安装成功界面

2.3　Spyder 编辑器

在进行 Python 学习时，选择一个合适的编辑器会起到事半功倍的效果。

若 Anaconda 中集成有 Spyder 编辑器，将是一个不错的选择。Spyder 是使用 Python 编程语言进行科学计算的集成开发环境。和其他的 Python 开发环境相比，Spyder 最大的优点是模仿 MATLAB "工作空间"的功能，可以很方便地观察和修改数组的值。

2.3.1　Spyder 界面

Spyder 的界面由许多窗格构成（如图 2.9 所示），用户可以根据自己的喜好调整它们的位置和大小。

其中，Editor（编辑器）用于编写代码，例如输入"print('Hello World!')"，如图 2.10 所示。

Console（控制台）可用来评估代码，并且在任何时候都可以看到运行结果。例如，运行 print('Hello World!')，会得到输出"Hello World!"，如图 2.11 所示。

Variable explorer 是变量管理器（如图 2.12 所示），可用来查看代码中定义的变量，便于调试程序中查看变量值。

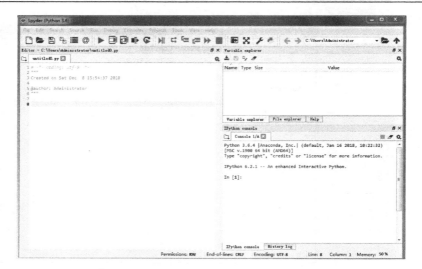

图 2.9　Spyder 界面

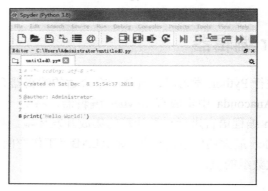

图 2.10　Spyder 编辑器

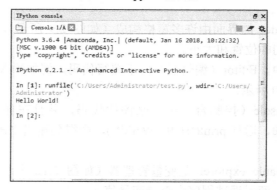

图 2.11　Spyder 控制台

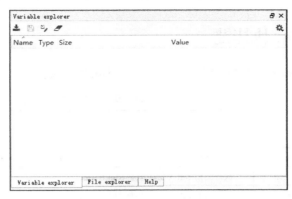

图 2.12　Spyder 变量管理器

File explorer 是文件管理器，可用来查看文件路径，如图 2.13 所示。

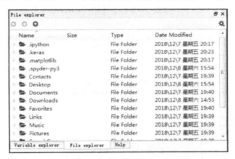

图 2.13　Spyder 文件管理器

Help 为帮助管理器（如图 2.14 所示），从中可以得到关于编辑器或控制台在使用上的帮助。

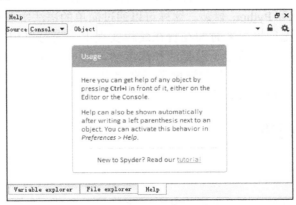

图 2.14　Spyder 帮助管理器

2.3.2 Spyder 快捷键

Spyder 的功能较多，其中一些常用的快捷键如表 2.1 所示。

表 2.1　Spyder 常用快捷键

快　捷　键	功　　能
F5	执行当前文件（Run）
Tab	自动补全命令、函数名、变量名以及 Console 和 Editor 中的方法名
Ctrl+Enter	执行当前 cell（在菜单中 Run > Run cell）
Shift+Enter	执行当前 cell 并将光标移动到下一个 cell（在菜单中选择 Run > Run cell and advance）
Alt+	把当前行向上移一行；如果很多行被选中，它们将被一起移动。"Alt-" 则是将相对应的某（些）行向下移
Ctrl+鼠标左键	在一个函数/方法名上使用"Ctrl+鼠标左键"，将打开一个新的 Editor 窗口显示这个函数的定义
Ctrl + +	将增大 Editor 窗口的字体，Ctrl + "−" 则相反
Ctrl + s	保存当前 Editor 窗口的文件
Ctrl + i	当光标在一个对象上使用该快捷键时，将在 Help 窗口显示这个对象的文档

2.4　Python 基础知识

如前所述，Python 是一种解释型的高级编程语言，既简单明确，又具有很好的扩展性；既可以非常轻松地用其他语言编写模块供其调用，用 Python 编写的模块也可以通过各种方式轻松地被其他语言调用。所以，一种常见的 Python 使用方式是：底层复杂且对效率要求高的模块用 C/C++等语言实现，顶层调用的 API 用 Python 封装，这样可以通过简单的语法实现顶层逻辑。这种特性的好处是，无须将很多时间花费在编程实现上，而可以用更多的时间专注于思考问题的逻辑；尤其对于做算法和深度学习的从业人员，这种方式是非常理想的。所以，在如今的大部分深度学习框架中，其官方接口要么就是 Python 接口，要么支持 Python 接口[4-6]。

2.4.1　基本语法

标识符

标识符是指用来标识某个实体的一个符号，在不同的应用环境下有不同的含义。在计算机编程语言中，标识符是用户编程时使用的名字，用于给变量、常量、函数、语句块等命名，以建立起名称与使用之间的关系。

在 Python 中，标识符由字母、数字、下画线组成。所有标识符可以包括英文字母、数字以及下画线，但不能以数字开头。在 Python 中的标识符区分大小写。

行和缩进

与其他语言相比，学习 Python 时最大的区别是：代码块不使用花括号"{ }"来控制类、函数以及其他逻辑判断。Python 最具特色的是用缩进来写模块。缩进的空白数量是可变的，但是所有代码块语句必须包含相同的缩进空白数量。

Python 开发者有意让违反了缩进规则的程序不能通过编译，以此来强制程序员养成良好的编程习惯。而且，Python 语言利用缩进来表示语句块的开始和退出：增加缩进表示语句块的开始，而减少缩进则表示语句块的退出。可见，缩进成了语法的一部分。例如：

【例 2-1】

```
a = 10
if a >= 0:
    print(a)
else:
    print(-a)
```

注释

一行当中，以"#"开始的地方就是注释。三个单引号（'''）或三个双引号（"""）放在文件的开头、函数的开头或者一个类的开头，就是文档注释。Python 解释器会忽略它们。例如：

```
In [1]: # 第一个注释

In [2]: '''
   ...: 第二个注释
   ...: 第三个注释
   ...: '''
```

拆行和一行写多个语句

如果一行太长了，写不下，就需要在下一行接着写。这时可以使用"\"来告诉 Python 下一行继续，例如：

```
In [3]: a = [1, 2, 3, 4, 5, 6, 7, 8, 9, 10,\
   ...: 11, 12, 13, 14, 15, 16, 17, 18, 19]
```

Python 中一个语句放在一行，行尾可以有选择性地加上";"，但如果想在一行放多个语句，就需要用";"来分隔语句。例如：

```
In [4]: a = 1; b = 2; c = 3;
```

空行

函数之间或类的方法之间用空行分隔，表示一段新的代码的开始。类和函数入口之间也用一个空行分隔，以突出函数入口的开始。

空行与代码缩进不同，空行并不是 Python 语法的一部分。书写时不插入空行，Python 解释器运行也不会出错。但是空行的作用在于分隔两段不同功能或含义的代码，便于日后代码的维护或重构。

多个语句构成代码组

缩进相同的一组语句构成一个代码块，称为代码组。像 if、while、def 和 class 这样的复合语句，首行以关键字开始，以冒号（ : ）结束，该行之后的一行或多行代码构成代码组。将首行及后面的代码组称为一个子句。例如：

【例 2-2】

```
a = 70
if a >= 80:
    print("A")
elif a >= 60:
    print("B")
else:
    print("C")
```

保留字

在 Python 中，一切皆对象。因为所有东西都是对象，一个简简单单的赋值操作就可以把系统内置的函数变成一个普通变量，所以一定要注意保留字。

Python 中的保留字如表 2.2 所示。这些保留字不能用作常数、变量或任何其他标识符名称。

表 2.2 Python 中的保留字

序号	保留字	序号	保留字	序号	保留字
1	'False'	12	'None'	23	'True'
2	'and'	13	'as'	24	'assert'
3	'break'	14	'class'	25	'continue'
4	'def'	15	'del'	26	'elif'
5	'else'	16	'except'	27	'finally'
6	'for'	17	'from'	28	'global'
7	'if'	18	'import'	29	'in'
8	'is'	19	'lambda'	30	'nonlocal'
9	'not'	20	'or'	31	'pass'
10	'raise'	21	'return'	32	'try'
11	'while'	22	'with'	33	'yield'

2.4.2 基本数据类型和运算

基本数据类型

Python 中最基本的数据类型包括整型、浮点型、布尔型和字符串。类型不需要声明，例如：

```
In [1]: a = 1          #整型

In [2]: b = 1.1        #浮点型

In [3]: c = True       #布尔型

In [4]: d = "hello"    #字符串
```

变量和引用

Python 中基本变量的赋值，其建立的一般是个引用，例如：

```
In [1]: a = 1

In [2]: b = a

In [3]: c = 1
```

a 赋值为 1 后，b=a 执行时并不会将 a 的值复制一遍，然后赋给 b，而是简单地为 a 所指的值（也就是 1）建立一个引用，相当于 a 和 b 都是指向包含 1 这个值的这块内存的指针。所以，c=1 执行的也是一个引用的建立。这三个变量其实是三个引用，指向同一个值。

运算符

Python 中数值的基本运算和 C 语言中的差不多，只是字符串的运算更方便。Python 中的运算符主要包括算术运算符、比较运算符、赋值运算符、位运算符和逻辑运算符，分别如表 2.3～表 2.7 所示。

表 2.3　算术运算符

运　算　符	描　　述	实例（a=10, b=20）
+	加	a＋b 输出结果 30
-	减	a－b 输出结果 －10
*	乘	a＊b 输出结果 200
/	除	b/a 输出结果 2
%	取模	b％a 输出结果 0
**	幂	a**b 为 10 的 20 次方，输出结果 100000000000000000000
//	取整除	9//2 输出结果 4，9.0//2.0 输出结果 4.0

表 2.4　比较运算符

运　算　符	描　　述	实例（a=10, b=20）
＝＝	等于	(a ＝＝ b) 返回 False
!=	不等于	(a != b) 返回 True

续表

运　算　符	描　　述	实例（a=10, b=20）
>	大于	(a > b) 返回 False
<	小于	(a < b) 返回 True
>=	大于等于	返回 x 是否大于等于 y
<=	小于等于	返回 x 是否小于等于 y

表 2.5　赋值运算符

运　算　符	描　　述	实　　例
=	简单的赋值运算符	c＝a＋b 将 a＋b 的运算结果赋值为 c
+=	加法赋值运算符	c += a 等效于 c＝c＋a
-=	减法赋值运算符	c -= a 等效于 c＝c－a
*=	乘法赋值运算符	c *= a 等效于 c＝c * a
/=	除法赋值运算符	c /= a 等效于 c＝c / a
%=	取模赋值运算符	c %= a 等效于 c＝c % a
**=	幂赋值运算符	c **= a 等效于 c＝c ** a
//=	取整除赋值运算符	c //= a 等效于 c＝c // a

表 2.6　位运算符

运　算　符	描　　述	实例（a=0011, b=1001）
&	按位与运算符：参与运算的两个值，如果两个对应的二进制位都为 1，则该位的结果为 1，否则为 0	(a & b) 输出结果 1，二进制解释：0001
|	按位或运算符：只要对应的两个二进制位有一个为 1 时，结果位就为 1	(a | b) 输出结果 11，二进制解释：1001
^	按位异或运算符：当两对应的二进制位相异时，结果为 1	(a ^ b) 输出结果 10，二进制解释：1010
~	按位取反运算符：对数据的每个二进制位取反，即把 1 变为 0，把 0 变为 1	(~a) 输出结果 -4，二进制解释：1100。输出为一个有符号二进制数的补码形式
<<	左移运算符：运算数的各二进制位全部左移若干位，由 "<<" 右边的数字指定移动的位数，高位丢弃，低位补 0。	a << 2 输出结果 12，二进制解释：1100
>>	右移运算符：把 ">>" 左边的运算数的各二进制位全部右移若干位，由 ">>" 右边的数字指定移动的位数	a >> 2 输出结果 0，二进制解释：0000

表2.7 逻辑运算符

运　算　符	逻辑表达式	描　　　述
and	x and y	布尔"与"：如果 x 为 False，x and y 返回 False；否则，返回 y 的计算值
or	x or y	布尔"或"
not	not x	布尔"非"：如果 x 为 True，则返回 False；如果 x 为 False，则返回 True

2.4.3　列表、元组和字符串

列表

列表（List）用来处理一组有序项目的数据结构，列表是可变的数据结构。列表的项目包含在方括号"[ ]"中。

（1）创建列表。

```
{
In [1]: list1 = ['Google', 'Runoob', 1997, 2000]
}
```

（2）访问列表中的值。

```
In [2]: list2 = [1, 2, 3, 4, 5, 6, 7 ]

In [3]: print ("list2[1:5]: ", list2[1:5])
list2[1:5]: [2, 3, 4, 5]
```

（3）更新列表。

```
In [4]: list = ['Google', 'Runoob', 1997, 2000]

In [5]: print ("第三个元素为：", list[2])
第三个元素为：1997
In [6]: list[2] = 2001

In [7]: print ("第三个元素为：", list[2])
第三个元素为：2001
```

（4）删除列表元素。

```
In [8]: list = ['Google', 'Runoob', 1997, 2000]

In [9]: del list[2]

In [10]: print(list)
['Google', 'Runoob', 2000]
```

（5）列表运算。

加号 "+" 用于组合列表，星号 "*" 用于重复列表。例如：

```
In [11]: A = [1, 2, 3]

In [12]: B = [4, 5, 6]

In [13]: print(A + B)
[1, 2, 3, 4, 5, 6]

In [14]: print(A * 2)
[1, 2, 3, 1, 2, 3]
```

（6）列表索引、截取。

```
In [15]: list = ['Google', 'Runoob', 1997, 2000]

In [16]: print(list[2])
1997

In [17]: print(list[1:])
['Runoob', 1997, 2000]
```

（7）列表内置函数（如表 2.8 所示）。

表 2.8　列表内置函数

列表内置函数	说　　　明
len(list)	列表元素的个数
max(list)	返回列表元素的最大值
min(list)	返回列表元素的最小值
list()	转换位列表

（8）列表常用方法（如表 2.9 所示）。

表 2.9　列表常用方法

用　　法	说　　明
list.append(obj)	在列表末尾添加新的对象
list.count(obj)	统计某个元素在列表中出现的次数
list.extend(seq)	在列表末尾一次性地追加另一个序列中的多个值
list.index(obj)	从列表中找出某个值第一个匹配项的索引位置
list.insert(index,obj)	将对象插入列表
list.pop([index=-1])	移除列表中的一个元素，并返回该元素值
list.remove(obj)	移除列表中某个值的第一个匹配项
list.reverse()	将列表中的元素反向
list.sort()	对列表元素进行排序
list.clear()	清空列表
list.copy()	复制列表

元组

元组与列表有很多相似的地方，其最大的不同在于不可变；还有，在对只包含一个元素的元组进行初始化时与列表不一样，必须在元素后加上逗号。另外，当直接用逗号分隔多个元素赋值时，默认它是一个元组，这在函数有多个返回值时很好用。

（1）创建元组。

```
In [1]: tup1 = ('Google', 'Runoob', 1997, 2000)

In [2]: tup2 = (50,)
```

（2）访问元组。

```
In [3]: tup1 = ('Google', 'Runoob', 1997, 2000)

In [4]: tup2 = (1, 2, 3, 4, 5, 6, 7 )

In [5]: print ("tup1[0]: ", tup1[0])
tup1[0]: Google

In [6]: print ("tup2[1:5]: ", tup2[1:5])
```

```
tup2[1:5]: (2, 3, 4, 5)
```

（3）删除元组。

元组中的元素值是不允许删除的，但可以用 del 语句来删除整个元组。例如：

```
In [7]: tup = ('Google', 'Runoob', 1997, 2000)

In [8]: print (tup)
('Google', 'Runoob', 1997, 2000)

In [9]: del tup

In [10]: print (tup)
Traceback (most recent call last):

File "<ipython-input-10-7e19f58b7613>", line 1, in <module>
print (tup)

NameError: name 'tup' is not defined;
```

（4）元组运算。

元组之间可以使用"+"号和"*"号进行运算。"+"号用于元组连接，"*"号用于元组复制。例如：

```
In [18]: (1, 2, 3) + (4, 5, 6)
Out[18]: (1, 2, 3, 4, 5, 6)

In [19]: ('hello',) * 4
Out[19]: ('hello', 'hello', 'hello', 'hello')
```

（5）元组内置函数（如表 2.10 所示）。

表 2.10　元组内置函数

元组内置函数	说　　明
len(tuple)	计算元组元素个数
max(tuple)	返回元组元素最大值
min(tuple)	返回元组元素最小值
tuple(seq)	转换位元组

字符串

字符串就是一个由字符组成的数组，所有标准序列操作（索引、切片、乘法、长度、最小值和最大值等）都适用于字符串。但与元组类似，字符串是不可变的，所有的元素赋值和切片赋值都是非法的。

（1）创建字符串。

```
In [1]: var1 = 'Hello World!'
```

（2）访问字符串。

```
In [2]: var1 = 'Hello World!'

In [3]: print ("var1[1]: ",var1[1])
var1[1]: e
```

（3）字符串更新。

可以截取字符串的一部分，并与其他字段拼接。例如：

```
In [4]: var1 = 'Hello World!'

In [5]: print ("已更新字符串 : ", var1[:6] + 'China!')
已更新字符串 : Hello China!
```

（4）转义字符（如表 2.11 所示）。

表 2.11　转义字符

转 义 字 符	描　　述
\'	单引号
\"	双引号
\n	换行
\v	纵向制表符
\t	横向制表符
\r	回车
\o	八进制代表的字符
\x	十六进制代表的字符

（5）字符串操作（如表 2.12 所示）。

表 2.12　字符串操作

操 作 符	描　　述
+	字符串连接
*	重复输出字符串
in	如果字符串中包含给定字符，返回 True
not in	如果字符串中不包含给定字符，返回 True

（6）字符串格式化（如表 2.13 所示）。

表 2.13　字符串格式化

符　　号	描　　述
%c	格式化字符串及其 ASCII 码
%s	格式化字符串
%d	格式化整数
%u	格式化无符号数
%o	格式化无符号八进制数
%x	格式化无符号十六进制数
%X	格式化无符号八进制数（大写）
%f	格式化浮点数，可指定小数点后的精度

（7）字符串内置函数（如表 2.14 所示）。

表 2.14　字符串内置函数

函　　数	描　　述
string.capitalize()	把字符串的第一个字符大写
string.count(str, beg=0, end=len(string))	返回 str 在 string 里面出现的次数。如果 beg 或者 end 指定，则返回指定范围内 str 出现的次数
string.decode(encoding='UTF-8', errors='strict')	以 encoding 指定的编码格式解码 string
string.encode(encoding='UTF-8', errors='strict')	以 encoding 指定的编码格式编码 string
string.endswith(obj, beg=0, end=len(string))	检查字符串是否以 obj 结束
string.find(str, beg=0, end=len(string))	检测 str 是否包含在 string 中

函　　数	描　　述
string.format()	格式化字符串
string.join(seq)	以 string 作为分隔符，将 seq 中所有的元素（以字符串表示）合并为一个新的字符串
string.lower()	将 string 中所有大写字符转换为小写
max(str)	返回字符串 str 中最大的字母
min(str)	返回字符串 str 中最小的字母
string.replace(str1, str2, num=string.count(str1))	把 string 中的 str1 替换成 str2。如果 num 指定，则替换不超过 num 次
string.upper()	将 string 中的小写字母转换为大写

2.4.4　字典和集合

字典

　　字典是 Python 中唯一的映射类型。"映射"是一个术语，指两个元素集之间元素相互对应的关系。字典与序列不同：序列讲究顺序；字典讲究映射，不讲究顺序。字典是键–值对（key:value），它的特点是可以快速查找，但需要占用大量的内存。

　　（1）创建字典。

```
In [1]: dict = {'Alice': '90', 'Beth': '80', 'Cecil': '70'}
```

　　（2）访问字典里的值。

```
In [2]: dict = {'Name': 'Alice', 'Age': 10, 'Class': 'Fourth'}

In [3]: print ("dict['Name']: ", dict['Name'])
dict['Name']: Alice

In [4]: print ("dict['Age']: ", dict['Age'])
dict['Age']: 10
```

　　（3）修改字典。
　　向字典添加新内容的方法是增加新的键–值对，修改或删除已有的键–值对。例如：

```
In [5]: dict = {'Name': 'Alice', 'Age': 10, 'Class': 'Fourth'}

In [6]: print(dict)
{'Name': 'Alice', 'Age': 10, 'Class': 'Fourth'}

In [7]: dict['Age'] = 8;                    #修改年龄

In [8]: dict['School'] = "Tsinghua"        #增加信息

In [9]: print(dict)
{'Name': 'Alice', 'Age': 8, 'Class': 'Fourth', 'School': 'Tsinghua'}
```

（4）删除字典元素。

```
In [10]: In [5]: dict = {'Name': 'Alice', 'Age': 10, 'Class': 'Fourth'}

In [11]: del dict['Name']      # 删除键 'Name'

In [12]: print(dict)
{'Age': 10, 'Class': 'Fourth'}

In [13]: dict.clear()          # 清空字典

In [14]: del dict              # 删除字典
```

（5）字典内置函数和方法（如表 2.15 所示）。

表 2.15 字典内置函数和方法

函数和方法	描　　述
len(dict)	计算字典元素个数
str(dict)	输出字典，以可打印的字符串表示
type(variable)	返回输入的变量类型
dict.get(key)	查看 key 是否存在
dict.get(key)	返回指定键的值
dict.has_key(key)	如果键在字典 dict 里，则返回 true；否则，返回 false
dict.items()	以列表返回可遍历的（键，值）元组数组

函数和方法	描　述
dict.keys()	以列表返回一个字典所有的键
dict.values()	以列表返回字典中的所有值
pop(key[,default])	删除字典给定键 key 所对应的值
popitem()	随机返回并删除字典中的一对键和值

集合

集合和字典类似，也是一组键（Key）的集合，但不存储值（Value）。由于键不能重复，所以在集合中，没有重复的键。集合与字典的唯一区别在于没有存储对应的值；但是，集合的原理和字典一样，都不可以放入可变对象。集合是一种很有用的数学操作，比如列表去重，或者理清两组数据之间的关系。

（1）创建集合。

```
In [1]: A = set([1, 2, 3, 4])

In [2]: print(A)
{1, 2, 3, 4}

In [3]: B = set([1, 2, 2, 3, 3, 3, 3])

In [4]: print(B)
{1, 2, 3}

In [5]: C = {3, 4, 5, 6}

In [6]: print(C)
{3, 4, 5, 6}
```

（2）添加、删除元素。

通过 add(key) 和 remove(key) 可以添加或删除元素。例如：

```
In [7]: A = set([1, 2, 3])
```

```
In [8]: A.add(0)

In [9]: A.add('hello')

In [10]: print(A)
{0, 1, 2, 3, 'hello'}

In [11]: A.remove(2)

In [12]: print(A)
{0, 1, 3, 'hello'}
```

（3）集合运算。

集合之间可以使用"|"号、"&"号和"–"号进行运算。"|"号用于求并集，"&"号用于求交集，"–"号用于求差集。例如：

```
In [13]: A = set([1, 2, 3, 4])

In [14]: B = {3, 4, 5, 6}

In [15]: print(A | B)
{1, 2, 3, 4, 5, 6}

In [16]: print(A & B)
{3, 4}

In [17]: print(A - B)
{1, 2}
```

2.4.5 分支和循环

if 语句

Python 的条件控制主要是三个关键字：if、elif 和 else。其中，elif 就是 else if 的意思。逻辑表达式可以加上括号"( )"，也可以不加，但要注意逻辑表达式中的":"。根据 Python 的缩进规则，如果 if 语句判断是 True，就将缩进的两行 print 语句予以执行；否则，什么也不做。例如：

【例 2-3】

```
a = 10
if a >= 50:
    print( 'the number is big')
elif a < 50:
    print('the number is small')
else:
    print( "i don't know")
```

同时，Python 也支持：

```
if x:
    print('True')
```

只要 x 是非零数值、非空字符串、非空列表等，就判断为 True；否则判断为 False。

for 循环

for 循环用于遍历。例如：

```
In [1]: sum = 0

In [2]: for number in range(101):
   ...: sum = sum + number
   ...:

In [3]: print(sum)
5050

In [4]: msg = "Hello"

In [5]: for c in msg:
   ...: print (c)
   ...:
H
e
l
```

```
l
o
```

while 循环

while 语句非常灵活，可用于条件为真时反复执行代码块。例如：

```
In [10]: i = 0

In [11]: while i < 3:
    ...: print('hello')
    ...: i += 1
    ...:
hello
hello
hello
```

2.4.6　函数和类

函数

函数通过关键字 def 定义。"def"后跟函数的标识符名称，然后跟一对圆括号，括号之内可以包含一些变量名，该行以冒号结尾；接下来是一块语句，即函数体。例如：

```
In [1]: def power(x):
    ...: return x*x
    ...:

In [2]: power(4)
Out[2]: 16
```

（1）形参与实参。函数中的参数名称为"形参"，调用函数时传递的值为"实参"。

（2）局部变量。在函数内定义的变量与函数外具有相同名称的其他变量没有任何关系，即变量名称对于函数来说是局部的。这称为变量的作用域。

（3）return 语句。return 语句用于从一个函数返回，即跳出函数。可从函数返回一个值。没有返回值的 return 语句等价于"return None"，其中"None"表示没有任何东西的特殊类型。

类

Python 中类的概念和其他语言相比没有什么不同。比较特殊的是 protected 类和 private 类，它们在 Python 中是没有明确限制的。一个惯例是，用单下画线开头的表示 protected 类，用双下画线开头的表示 private 类。例如：

【例 2-4】

```python
class A:
    """Class A"""
    def __init__(self, x, y, name):
        self.x = x
        self.y = y
        self._name = name

    def introduce(self):
        print(self._name)

    def greeting(self):
        print("What's up!")

    def __l2norm(self):
        return self.x**2 + self.y**2

    def cal_l2norm(self):
        return self.__l2norm()

a = A(11, 11, 'AA)
print(A.__doc__)              # "Class A"
a.introduce()                 # " AA"
a.greeting()                  # "What's up!"
print(a._name)                # 可以正常访问
print(a.cal_l2norm())         # 输出 242
print(a._A__l2norm())         # 输出 242
```

　　类的初始化所使用的是__init__(self,)，所有成员变量都是 self 变量，所以以"self."开头。可以看到：单下画线开头的变量是可以直接访问的；而双下画线开头的变量则触发了 Python 中一种叫作 name mangling 的机制，其实就是名字变了一下，仍然可以通过前面加上"_类名"的方式访问。也就是说，Python 中变量的访问权限都是靠自觉的。类定义中紧跟着类名字下一行的字符串叫作docstring，其中可以写一些用于描述类的介绍；如果有定义，则通过"类名.__doc__"访问。

　　Python 中的继承也非常简单，其最基本的继承方式是在定义类时把父类往括号里一放就行了。例如：

【例 2-5】

```python
class A:
    """Class A"""
    def __init__(self, x, y, name):
        self.x = x
        self.y = y
        self._name = name

    def introduce(self):
        print(self._name)

    def greeting(self):
        print("What's up!")

    def __l2norm(self):
        return self.x**2 + self.y**2

    def cal_l2norm(self):
        return self.__l2norm()

class B(A):
    """Class B inheritenced from A"""
    def greeting(self):
        print("How's going!")

b = B(12, 12, BB)
b.introduce()                          # BB
b.greeting()                           # How's going!
```

```
print(b._name)                          # Flaubert
print(b._A__l2norm())                   # 输出 288
```

2.4.7　模块

　　模块就是一个包含了所有定义的函数和变量的文件，模块必须以 ".py" 为扩展名。模块可以从其他程序中 "输入"（import），以便利用它的功能。在 Python 程序中导入其他模块使用 'import'，所导入的模块必须在 sys.path 所列的目录中。

　　如果导入一个模块或包，可以使用 import module。如果想直接使用其他模块的函数，而不加 "'模块名+.'前缀"，可以使用 from … import。例如：

```
# 直接导入 Python 的内置基础数学库
In [1]: import math

In [2]: print(math.cos(math.pi))
-1.0

# 从 math 中导入 cos 函数和 pi 变量
In [3]: from math import cos, pi

In [4]: print(cos(pi))
-1.0

# 如果是一个模块，在导入的时候可以起个别名，避免名字冲突或者方便懒得打字的
  人使用。
In [5]: import math as m

In [6]: print(m.cos(m.pi))
-1.0

# 从 math 中导入所有东西。一般不推荐使用，因为 import 导入的名字里可能与
  现有对象名冲突，会覆盖现有的对象。
In [7]: from math import *

In [8]: print(cos(pi))
-1.0
```

第 **3** 章

Python 基础库

Numpy 库、Matplotlib 库和 Scipy 库是 Python 语言中经典的科学计算扩展库。Numpy 库是定义了数值数组、矩阵类型及其基本运算的语言扩展；Matplotlib 库是帮助绘图的语言扩展；Scipy 库是使用 Numpy 库来完成高等数学、信号处理、优化、统计和许多其他科学任务的语言扩展。

Numpy 库是一个开源的 Python 科学计算库，它是一个高性能的多维数组的计算库[7]。其实，Python 中的列表（List）已经提供了类似于矩阵的表示形式，不过 Numpy 库提供了更多的函数。

Matplotlib 库是 Python 的绘图库，需要 Numpy 库的支持。Matplotlib 库可以非常方便地创建海量类型的 2D 图表和一些基本的 3D 图表；2007 年由 John D. Hunter 博士首次提出；因为在函数的设计上参考了 MATLAB，所以叫作 Matplotlib。它提供了一整套和 MATLAB 相似的命令 API，十分适合交互式制图。

Scipy 库是一个高级的科学计算库，它和 Numpy 库联系很密切。Scipy 库一般都是通过操控 Numpy 数组来进行科学计算的，所以可以说它是基于 Numpy 库之上的。Scipy 库有很多子模块可以应对不同的应用，例如插值运算、优化算法、图像处理、数学统计等。

3.1 Numpy 库

Numpy 库是 Python 科学计算库的基础库，定义了数值数组、矩阵类型和它们的基本运算的语言扩展，许多其他著名的科学计算库（如 Pandas、Scikit-learn

等）都要用到 Numpy 库的一些功能。

3.1.1 创建数组

（1）使用 list 和 tuple 产生数组。

Numpy 库中创建数组的方式有很多种，其中最简单的方式是直接利用 Python 中常规的 list 和 tuple 进行创建。例如：

```
In [1]: import numpy as np

In [2]: a = np.array([1,2,3,4,5,6])

In [3]: print(a)
[1 2 3 4 5 6]

In [4]: b = np.array((1,2,3,4,5,6))

In [5]: print(b)
[1 2 3 4 5 6]
```

另外，array 还可以将序列的序列转换成二维数组，可以将序列的序列的序列转换成三维数组，等等。例如：

```
In [6]: c = np.array([[1,2,3],[2,3,4]])

In [7]: print(c)
[[1 2 3]
 [2 3 4]]

In [8]: d = np.array([[[1,2],[3,4]],[[5,6],[7,8]]])

In [9]: print(d)
[[[1 2]
  [3 4]]

 [[5 6]
  [7 8]]]
```

（2）使用 numpy.arange 产生数组。例如：

```
In [1]: import numpy as np

In [2]: a = np.arange(10)

In [3]: print(a)
[0 1 2 3 4 5 6 7 8 9]

In [4]: b = np.arange(10).reshape(2,5)

In [5]: print(b)
[[0 1 2 3 4]
 [5 6 7 8 9]]

In [6]: c = np.arange(0,15,3)

In [7]: print(c)
[ 0  3  6  9 12]
```

（3）使用 numpy.linspace 产生数组。

```
In [1]: import numpy as np

In [2]: a = np.linspace(0,5,11)

In [3]: print(a)
[0.  0.5 1.  1.5 2.  2.5 3.  3.5 4.  4.5 5. ]
```

（4）使用 numpy.zeros、numpy.ones、numpy.eye 和 numpy.empty 等方法构造特定的矩阵。例如：

```
In [1]: import numpy as np

In [2]: a = np.zeros((3,4))
```

```
In [3]: print(a)
[[0. 0. 0. 0.]
[0. 0. 0. 0.]
[0. 0. 0. 0.]]

In [4]: b = np.ones((3,4))

In [5]: print(b)
[[1. 1. 1. 1.]
[1. 1. 1. 1.]
[1. 1. 1. 1.]]

In [6]: c = np.eye(3)

In [7]: print(c)
[[1. 0. 0.]
[0. 1. 0.]
[0. 0. 1.]]

In [8]: d = np.empty((3,4))

In [9]: print(d)
[[9.8e-322 0.0e+000 0.0e+000 0.0e+000]
[0.0e+000 0.0e+000 0.0e+000 0.0e+000]
[0.0e+000 0.0e+000 0.0e+000 0.0e+000]]
```

3.1.2 ndarray 类

Numpy 库的主要对象是同种元素的多维数组。Numpy 库的数组类被称作 ndarray 类。numpy.array 和标准 Python 库类 array.array 不同，后者只处理一维数组和提供少量功能。ndarray 类具有一些比较重要的属性，如表 3.1 所示。

表 3.1 ndarray 类的重要属性

属　　性	描　　述
ndarray.ndim	表示数组的维度
ndarray.shape	表示数组中的每个维度的大小

属　性	描　述
ndarray.size	表示数组中元素的个数，其值等于 shape 中所有整数的乘积
ndarray.dtype	描述数组中元素的类型，ndarray 类中的所有元素都必须是同一种类型
ndarray.itemsize	表示数组中每个元素的字节大小

例如：

```
In [1]: import numpy as np

In [2]: a = np.array([[1,2,3],[2,3,4]])

In [3]: print(a)
[[1 2 3]
 [2 3 4]]

In [4]: print(a.ndim)
2

In [5]: print(a.shape)
(2, 3)

In [6]: print(a.size)
6

In [7]: print(a.dtype)
int32

In [8]: print(a.itemsize)
4
```

3.1.3　数组操作

基本操作

　　数组的算术操作是对应元素的操作。例如，对两个数组进行加减乘除，其结果是对两个数组同一个位置上的数进行加减乘除。数组算术操作的结果会存放在一个新建的数组中。数组的主要算术操作如表 3.2 所示。

表 3.2　数组的主要算术操作

操作符	描　　述
+	加
−	减
*	乘
/	除
**	幂
*=	乘法赋值运算
+=	加法赋值运算
−=	减法赋值运算
/=	除法赋值运算

　　例如：

```
In [1]: import numpy as np

In [2]: a = np.array([10,20,30,40])

In [3]: b =np.array([1,2,3,4])

In [4]: c = a - b

In [5]: d = a + b

In [6]: e = a * b

In [7]: f = a / b
```

```
In [8]: g = a ** 2

In [9]: print(a)
[10 20 30 40]

In [10]: print(b)
[1 2 3 4]

In [11]: print(c)
[ 9 18 27 36]

In [12]: print(d)
[11 22 33 44]

In [13]: print(e)
[ 10 40 90 160]

In [14]: print(f)
[10. 10. 10. 10.]

In [15]: print(g)
[ 100 400 900 1600]
```

其中，"*"用于数组间对应元素的乘法，而不是矩阵乘法。
矩阵乘法可以用 dot() 方法来实现，例如：

```
In [1]: import numpy as np

In [2]: a = np.array([[1,2],[3,4]])

In [3]: b = np.array([[0,2],[3,0]])

In [4]: c = a * b

In [5]: d = np.dot(a,b)
```

```
In [6]: print(a)
[[1 2]
 [3 4]]

In [7]: print(b)
[[0 2]
 [3 0]]

In [8]: print(c)
[[0 4]
 [9 0]]

In [9]: print(d)
[[ 6 2]
 [12 6]]
```

有些操作，如*=、+=、-=、/=等操作，会直接改变需要操作的数组，而不是创建一个新的数组。例如：

```
In [1]: import numpy as np

In [2]: a = np.ones((2,2))

In [3]: b = np.random.random((2,2))

In [4]: print(a)
[[1. 1.]
 [1. 1.]]

In [5]: print(b)
[[0.88350916 0.16734253]
 [0.86472204 0.49952913]]

In [6]: a *= 2

In [7]: b += 2

In [8]: print(a)
[[2. 2.]
```

```
[2. 2.]]

In [9]: print(b)
[[2.88350916 2.16734253]
[2.86472204 2.49952913]]
```

ndarray 类实现了许多操作数组的一元方法，如求和、求最大值、求最小值等，如表 3.3 所示。

表 3.3　数组一元操作方法

操　作	说　明
sum	求和
max	求最大值
min	求最小值
sum(axis = 0)	求行和
sum(axis = 1)	求列和
max(axis = 0)	求行最大值
max(axis = 1)	求列最大值
min(axis = 0)	求行最小值
min(axis = 1)	求列最小值

例如：

```
In [1]: import numpy as np

In [2]: a = np.random.random((2,3))

In [3]: print(a)
[[0.4203122 0.46765685 0.11914227]
[0.48829445 0.729672 0.89793725]]

In [4]: print(a.sum())
3.123015016073484

In [5]: print(a.max())
0.8979372471986554
```

```
In [6]: print(a.min())
0.11914226824294205

In [7]: print(a.sum(axis = 0))
[0.90860665 1.19732885 1.01707952]

In [8]: print(a.sum(axis = 1))
[1.00711132 2.11590369]

In [9]: print(a.max(axis = 0))
[0.48829445 0.729672 0.89793725]

In [10]: print(a.max(axis = 1))
[0.46765685 0.89793725]

In [11]: print(a.min(axis = 0))
[0.4203122 0.46765685 0.11914227]

In [12]: print(a.min(axis = 1))
[0.11914227 0.48829445]
```

通用方法

Numpy 库提供了大量的通用数学和算术方法，比如常见的 sin、cos、exp、sqrt、sort 等函数。在 Numpy 库中，这些函数叫作"通用函数"。在 Numpy 里这些函数作用按数组的元素运算，产生一个数组作为输出。例如：

```
In [1]: import numpy as np

In [2]: a = np.array([1,2,3,4])

In [3]: b = np.sin(a)

In [4]: c = np.exp(a)

In [5]: d = np.sqrt(a)
```

```
In [6]: print(a)
[1 2 3 4]

In [7]: print(b)
[ 0.84147098 0.90929743 0.14112001 -0.7568025 ]

In [8]: print(c)
[ 2.71828183 7.3890561 20.08553692 54.59815003]

In [9]: print(d)
[1. 1.41421356 1.73205081 2. ]
```

索引、切片和迭代

与 Python 中定义的 list 一样，Numpy 库支持一维数组的索引、切片和迭代。例如：

```
In [1]: import numpy as np

In [2]: a = np.arange(10)

In [3]: print(a)
[0 1 2 3 4 5 6 7 8 9]

In [4]: print(a[1])
1

In [5]: print(a[2:5])
[2 3 4]

In [6]: print(a[ : :-1])
[9 8 7 6 5 4 3 2 1 0]
```

多维数组与一维数组相似，其在每个轴上都有一个对应的索引，这些索引是在一个逗号分隔的元组中给出的，例如：

```
In [1]: import numpy as np

In [2]: b = np.arange(10).reshape(2,5)

In [3]: print(b)
[[0 1 2 3 4]
 [5 6 7 8 9]]

In [4]: print(b[1,4])
9

In [5]: print(b[:, 2])
[2 7]

In [6]: print(b[-1])
[5 6 7 8 9]
```

3.1.4 形状操作

改变数组的形状

Numpy 库中数组形状（Shape）由每个轴上元素的个数决定。数组的形状是可以通过多种方式进行改变的。下面展示三种改变数组的形状而不改变当前数组的方法，这三种方法返回一个特定形状的数组，但是并不改变原来的数组，例如：

```
In [1]: import numpy as np

In [2]: a = np.ones((3,4), dtype = int)

In [3]: print(a)
[[1 1 1 1]
 [1 1 1 1]
 [1 1 1 1]]
```

```
In [4]: print(a.ravel())
[1 1 1 1 1 1 1 1 1 1 1 1]

In [5]: print(a.reshape(2,-1))
[[1 1 1 1 1 1]
[1 1 1 1 1 1]]

In [6]: print(a.T)
[[1 1 1]
[1 1 1]
[1 1 1]
[1 1 1]]
```

除此之外，Numpy 库还提供了可以直接修改原始数组形状的方法——resize()。resize() 方法和 reshape()方法的最主要区别在于：reshape()方法返回一个特定形状的数组，而 resize()方法会直接更改原数组，例如：

```
In [1]: import numpy as np

In [2]: a = np.ones((3,4), dtype = int)

In [3]: print(a)
[[1 1 1 1]
[1 1 1 1]
[1 1 1 1]]

In [4]: a.reshape(2,6)
Out[4]:
array([[1, 1, 1, 1, 1, 1],
[1, 1, 1, 1, 1, 1]])

In [5]: print(a)
[[1 1 1 1]
[1 1 1 1]
[1 1 1 1]]

In [6]: a.resize(2,6)
```

```
In [7]: print(a)
[[1 1 1 1 1 1]
 [1 1 1 1 1 1]]
```

数组堆叠和切片

Numpy 库支持将多个数据按照不同的轴进行堆叠：hstack() 实现数组横向堆叠，vstack() 实现数组纵向堆叠。例如：

```
In [1]: import numpy as np

In [2]: a = np.random.random((2,2))

In [3]: b = np.floor(10*np.random.random((2,2)))

In [4]: print(a)
[[0.63036436 0.75772699]
 [0.34821436 0.65662173]]

In [5]: print(b)
[[5. 1.]
 [0. 2.]]

In [6]: print(np.vstack((a,b)))
[[0.63036436 0.75772699]
 [0.34821436 0.65662173]
 [5. 1. ]
 [0. 2. ]]

In [7]: print(np.hstack((a,b)))
[[0.63036436 0.75772699 5. 1. ]
 [0.34821436 0.65662173 0. 2. ]]
```

除了支持数组的横向和纵向堆叠之外，Numpy 库还支持数组的横向和纵向分割。例如：

```
In [1]: import numpy as np
```

```
In [2]: a = np.arange(12).reshape(3,4)

In [3]: print(a)
[[ 0  1  2  3]
 [ 4  5  6  7]
 [ 8  9 10 11]]

In [4]: print(np.split(a,3))
[array([[0, 1, 2, 3]]), array([[4, 5, 6, 7]]), array([[ 8, 9, 10, 11]])]

In [5]: print(np.hsplit(a,4))
[array([[0],
[4],
[8]]), array([[1],
[5],
[9]]), array([[ 2],
[ 6],
[10]]), array([[ 3],
[ 7],
[11]])]

In [6]: print(np.vsplit(a,3))
[array([[0, 1, 2, 3]]), array([[4, 5, 6, 7]]), array([[ 8, 9, 10, 11]])]
```

3.2　Matplotlib 库

如前所述，Matplotlib 库是 Python 的绘图库，它可以非常方便地创建海量类型的 2D 图表和一些基本的 3D 图表。同时，它提供了一整套和 MATLAB 相似的命令 API，十分适合交互式地制图。在开源和社区的推动下，现在 Matplotlib 库在基于 Python 的各个科学计算领域都得到了广泛应用。

3.2.1　快速绘图

Matplotlib 库的 pyplot 子库提供了和 MATLAB 类似的绘图 API，方便用户快速绘制 2D 图表。Matplotlib 库中快速绘图的函数库一般通过如下语句载入：

```
import matplotlib.pyplot as plt
```

接下来调用 figure 函数创建一个绘图对象，并且使它成为当前的绘图对象：

```
plt.figure(figsize=(8,4),dpi=100)
```

其中，通过 figsize 参数可以指定绘图对象的宽度和高度，单位为英寸（1英寸 = 2.54 cm）；dpi 为绘图对象的分辨率，即像素/英寸。因此，所创建的图表窗口的宽度为 8 英寸×100 像素/英寸 = 800 像素。

也可以不创建绘图对象，而调用 plot 函数直接绘图，Matplotlib 库会自动创建一个绘图对象。

如果需要同时绘制多幅图表，可以给 figure 函数传递一个整数参数，指定图标的序号。如果所指定序号的绘图对象已存在，将不创建新的对象，而只是让它成为当前绘图对象。

下面的两行程序通过调用 plot 函数在当前的绘图对象中进行绘图：

```
plt.plot(x,y,label="$sin(x)$",color="red",linewidth=2)
plt.plot(x,z,"b--",label="$cos(x^2)$")
```

plot 函数的调用方式很灵活，第一句将数组 x, y 传递给 plot 函数之后，用关键字参数指定各种属性：

（1）label：给所绘制的曲线指定一个名字，此名字在图例（Legend）中显示。只要在字符串前后添加"$"符号，Matplotlib 库就会使用其内嵌的 latex 引擎绘制数学公式。

（2）color：指定曲线的颜色。

（3）linewidth：指定曲线的宽度 。

（4）"b--"：指定曲线的颜色和线型，主要的颜色和线型分别如表 3.4 和表 3.5 所示。

表3.4　颜色与缩写

缩　　写	颜　　色
'b'	blue（蓝色）
'g'	green（绿色）
'r'	red（红色）
'c'	cyan（青色）

续表

缩　　写	颜　　色
'm'	magenta（品红色）
'y'	yellow（黄色）
'k'	black（黑色）
'w'	white（白色）

表 3.5　常用线型

线　　条	描　　述
'-'	实线
'--'	破折线
'-.'	点画线
':'	虚线
'steps'	阶梯线

接下来通过一系列函数设置绘图对象的各个属性：

```
plt.xlabel("Time(s)")
plt.ylabel("Volt")
plt.title("PyPlot First Example")
plt.ylim(-1.2,1.2)
plt.legend()
```

（1）xlabel/ylabel：设置 X 轴/Y 轴的文字；

（2）title：设置图表的标题；

（3）ylim：设置 Y 轴的范围；

（4）legend：显示图例。

最后调用 plt.show() 显示所创建的所有绘图对象。例 3-1 的程序用来绘制 $y = \cos(2x)$ 和 $z = \sin(x^2)$ 的图形。

【例 3-1】

```
#导入 Numpy 和 Matplotlib
import numpy as np
import matplotlib.pyplot as plt
x = np.linspace(0, 10, 1000)
y = np.cos(2*x)
z = np.sin(x**2)
```

```
#画图
plt.figure(figsize=(8,4))
plt.plot(x,y,label="$cos(2x)$",color="red",linewidth=2)
plt.plot(x,z,"b--",label="$sin(x^2)$")
plt.xlabel("Time(s)")
plt.ylabel("Volt")
plt.title("PyPlot example")
plt.ylim(-1.2,1.2)
plt.legend()
#存图
plt.savefig("test.jpg",dpi=200)
plt.show()
```

pyplot 仿真图如图 3.1 所示。

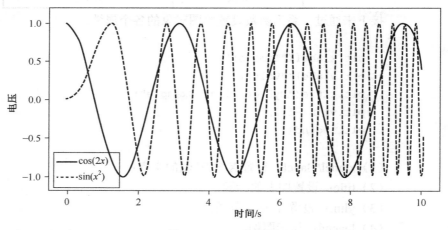

图 3.1　pyplot 仿真图

最后，还可以调用 plt.savefig() 将当前的 Figure 对象保存为图像文件，图像格式由图像文件的扩展名决定。下面的程序将当前的图表保存为"test.png"，并且通过 dpi 参数指定图像的分辨率为 200 像素/英寸，因此输出图像的宽度为 8 英寸×200 像素/英寸=1 600 像素。

```
plt.savefig("test.png",dpi=200)
```

实际上，不需要调用 show() 显示图表，可以直接用 savefig() 将图表保存为图像文件，使用这种方法可以很容易编写出批量输出图表的程序。

3.2.2　绘制多轴图

一个绘图对象（Figure）可以包含多个轴（Axis）。在 Matplotlib 库中，用轴表示一个绘图区域，可以将其理解为子图。在前面的例 3-1 中，绘图对象只包括一个轴，因此只显示了一个轴（子图）。可以使用 subplot 函数快速绘制有多个轴的图表。subplot 函数的调用形式如下：

```
subplot(numRows, numCols, plotNum)
```

subplot 函数将整个绘图区域等分为 numRows 行和 numCols 列的子区域，然后按照从左到右、从上到下的顺序对每个子区域进行编号，左上的子区域编号为 1。如果 numRows、numCols 和 plotNum 这三个数都小于 10，可以把它们缩写为一个整数，例如 subplot(323) 和 subplot(3,2,3) 是相同的。subplot 函数在 plotNum 指定的区域中创建一个轴对象。如果新创建的轴和之前创建的轴重叠，则之前的轴将被删除。

下面例 3-2 的程序用来创建 3 行 2 列共 6 个轴，通过 axisbg 参数给每个轴设置不同的背景颜色。

【例 3-2】

```
for idx, color in enumerate("bgrcmk"):
    plt.subplot(3,2,0+idx+1, axisbg=color)
plt.show()
```

不同背景颜色的子图如图 3.2 所示。

如果希望某个轴占据整个行或整个列，可以如下调用 subplot 函数：

```
plt.subplot(221) # 第一行的左图
plt.subplot(222) # 第一行的右图
plt.subplot(212) # 第二整行
plt.show()
```

subplot() 返回它所创建的轴对象，可以将它用变量保存起来，然后用 sca() 让它们交替成为当前轴对象，并调用 plot() 在其中绘图。如果需要同时绘制多幅图表，可以给 figure() 传递一个整数参数指定绘图对象的序号；如果序号所指定的绘图对象已经存在，将不创建新的对象，而只是让它成为当前的绘图对象。

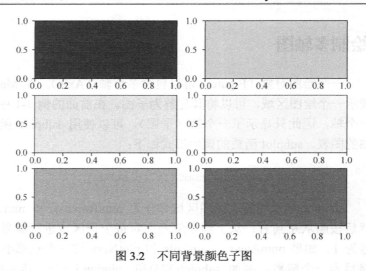

图 3.2　不同背景颜色子图

下面例 3-3 程序演示了如何依次在不同图表的不同子图中绘制曲线。该程序首先通过 figure() 创建两个图表，它们的序号分别为 1 和 2。然后在图表 2 中创建了上下并排的两个子图，并用变量 ax1 和 ax2 保存。在循环中，先调用 figure(1) 让图表 1 成为当前图表，并在其中绘图。然后调用 sca(ax1) 和 sca(ax2) 分别让子图 ax1 和 ax2 成为当前子图，并在其中绘图。当它们成为当前子图时，包含它们的图表 2 也自动成为当前图表，因此不需要调用 figure(2) 就能依次在图表 1 和图表 2 两个子图之间切换，逐步在其中添加新的曲线。

【例 3-3】

```python
#导入 Numpy 和 Matplotlib
import numpy as np
import matplotlib.pyplot as plt
# 创建图表 1
plt.figure(1)
# 创建图表 2
plt.figure(2)
# 在图表 2 中创建子图 1
ax1 = plt.subplot(211)
# 在图表 2 中创建子图 2
ax2 = plt.subplot(212)
x = np.linspace(0, 10, 1000)
for i in range(5):
    # 选择图表 1
```

```
plt.figure(1)
plt.plot(x, np.sin(i*x/3))
# 选择图表 2 的子图 1
plt.sca(ax1)
plt.plot(x, np.sin(i*x/2))
# 选择图表 2 的子图 2
plt.sca(ax2)
plt.plot(x, np.cos(i*x/2))
plt.show()
```

输出的单图曲线图和子图曲线图分别如图 3.3 和图 3.4 所示。

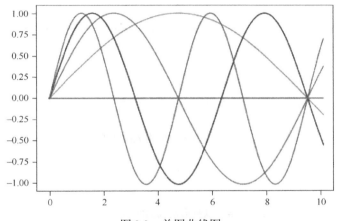

图 3.3　单图曲线图

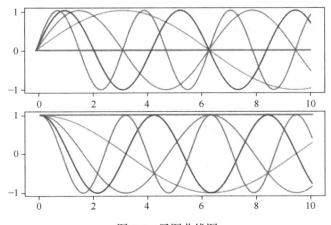

图 3.4　子图曲线图

3.2.3 绘制 3D 图

Matplotlib 库也支持一些基础的 3D 图形，比如曲面图、散点图等。这些 3D 图形需要使用 mpl_toolkits 模块。Matplotlib 库中已经内置了 mpl_toolkits 模块，要绘制 3D 图，还需要在 Matplotlib 库的 figure 函数生成实例对象后，设置其制图模式为 "3d"。

典型语句如下：

```
import matplotlib.pyplot as plt
from mpl_toolkits.mplot3d import Axes3D
fig = plt.figure()
ax = fig.add_subplot(111, projection='3d')
```

或

```
ax = Axes3D(fig)
```

```
plot_trisurf（以小三角形构成曲面单元）
```

或

```
plot_surface（以菱形构成曲面单元）
```

其中，plot_trisurf 和 plot_surface 所需的数据类型不一样，plot_trisurf 使用 x、y 等长的一维数组（1D array），而 plot_surface 使用的是 np.meshgrid 产生的数据。下面例 3-4 和例 3-5 的程序分别用这两种方式绘制 3D 图。

【例 3-4】

```
#导入 Numpy 和 Axes3D
import matplotlib.pyplot as plt
from mpl_toolkits.mplot3d import Axes3D
fig = plt.figure()
ax = fig.add_subplot(111, projection='3d')
X = [0, 1, 3, 2]
Y = [0, 4, 4, 2]
Z = [0, 2, 1, 0]
```

```
# 绘制 3D 曲面
ax.plot_trisurf(X, Y, Z)
plt.show()
```

绘制的 trisurf 3D 图如图 3.5 所示。

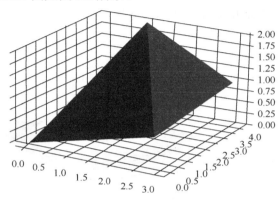

图 3.5　绘制的 trisurf 3D 图

【例 3-5】

```
#导入 Numpy、Matplotlib 和 Axes3D
import matplotlib.pyplot as plt
import numpy as np
from mpl_toolkits.mplot3d import Axes3D
fig = plt.figure()
ax = Axes3D(fig)
x = np.arange(-5, 5, 0.25)
y = np.arange(-5, 5, 0.25)
X, Y = np.meshgrid(x, y)
R = np.sqrt(X ** 2 + Y ** 2)
Z = np.sin(R)
# 绘制 3D 曲面
ax.plot_surface(X, Y, Z, rstride = 1, cstride = 1, cmap =
plt.get_cmap('rainbow'))
# 绘制从 3D 曲面到底部的投影
ax.contour(X, Y, Z, zdim = 'z', offset = -2, cmap = 'rainbow')
# 设置 Z 轴的维度
ax.set_zlim(-3, 3)
```

```
ax.set_xlabel('x axis')
ax.set_ylabel('y axis')
ax.set_zlabel('z axis')
plt.show()
```

绘制的 surface 3D 图如图 3.6 所示。

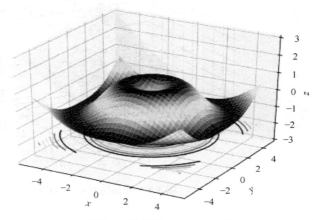

图 3.6 绘制的 surface 3D 图

3.3 Scipy 库

Scipy 库是 Python 开源科学计算库，方便、易于使用，专为科学和工程而设计。Scipy 库在 Numpy 库的基础上增加了众多的数学、科学和工程计算中常用的库函数，如线性代数、常微分方程数值求解、信号处理、图像处理、稀疏矩阵等。下面简要介绍其文件输入和输出、线性代数操作、快速傅里叶变换、优化器、插值功能和统计功能。

3.3.1 scipy.io

scipy.io 是文件输入和输出模块，这个模块可以加载（io.loadmat）和保存（io.savemat）mat 文件。例如：

【例 3-6】

```
#导入 Numpy 和 scipy.io
import numpy as np
```

```
from scipy import io as sio
#生成全 0 矩阵 a
a = np.zeros((3, 3))
#保存字典到 file.mat
sio.savemat('file.mat', {'a': a})
#加载 file.mat 文件
data = sio.loadmat('file.mat', struct_as_record=True)
#打印矩阵 a
print("a=",data['a'])

#输出
a= [[0. 0. 0.]
 [0. 0. 0.]
 [0. 0. 0.]]
```

3.3.2　scipy.linalg

scipy.linalg 是线性代数模块，这个模块可以进行矩阵行列式（linalg.det）、矩阵转置等线性代数计算（linalg.inv）。例如：

【例 3-7】

```
#导入 Numpy 和 scipy.linalg
import numpy as np
from scipy import linalg
#生成矩阵
a = np.array([[1, 2],[3, 4]])
#计算矩阵行列式
deta=linalg.det(a)
#计算转置矩阵
inva = linalg.inv(a)
#输出结果
print("deta=",deta)
print("inva=",inva)

#输出:
```

```
deta= -2.0
inva= [[-2.   1. ]
 [ 1.5 -0.5]]
```

3.3.3   scipy.fftpack

scipy.fftpack 是快速傅里叶变换（FFT）模块，可以进行快速傅里叶变换计算（fftpack.fft）等。例如：

【例 3-8】

```
#导入 Numpy、Matplotlib 和 scipy.fftpack
import numpy as np
import matplotlib.pyplot as plt
from scipy import fftpack

#生成 1000 位全 0 数组，第 200 位置为 1
a = np.zeros(1000)
a[:100] = 1
#计算快速傅里叶变换
a_fft = fftpack.fft(a)
#频谱搬移
a_fftshift = np.hstack((a_fft[500:],a_fft[:500]))

#画图
plt.figure()
f=np.arange(-500,500,1)
plt.plot(f,abs(a_fftshift))
plt.show()
```

输出的 FFT 波形如图 3.7 所示。

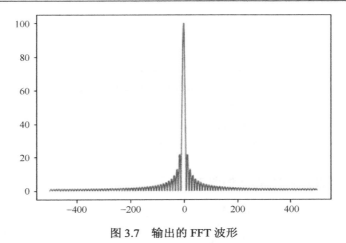

图 3.7　输出的 FFT 波形

3.3.4　scipy.optimize

scipy.optimize 是优化器模块，其子模块提供了最小化一个函数值的算法（optimize.fmin_bfgs）。例如：

【例 3-9】

```
#导入 Numpy、Matplotlib 和 scipy.optimize
import numpy as np
import matplotlib.pyplot as plt
from scipy import optimize

#定义曲线函数
def f(x):
    return x**2 + 10*np.sin(x)

x = np.arange(-10, 10, 0.1)
#优化曲线最小值结果
optimize.fmin_bfgs(f, 0)
#画图
plt.plot(x, f(x))
plt.show()
```

```
#输出
Optimization terminated successfully.
        Current function value: -7.945823
        Iterations: 5
        Function evaluations: 18
        Gradient evaluations: 6
```

输出的优化曲线如图 3.8 所示。

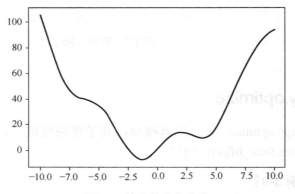

图 3.8　输出的优化曲线

3.3.5　scipy.interpolate

scipy.interpolate 是插值功能模块，它对用实验数据拟合函数来求值而没有测量值存在的点非常有用。例如：

【例 3-10】

```
#导入 Numpy、Matplotlib 和 scipy.interpolate
import numpy as np
import matplotlib.pyplot as plt
from scipy.interpolate import interp1d

#生成正弦函数的数据
measured_time = np.linspace(0, 1, 10)
```

```
noise = (np.random.random(10)*2 - 1) * 1e-1
measures = np.sin(2 * np.pi * measured_time) + noise

#构建线性插值函数
linear_interp = interp1d(measured_time, measures)
computed_time = np.linspace(0, 1, 50)
linear_results = linear_interp(computed_time)

#画图
plt.figure()
plt.plot(measured_time, measures,"bo")
plt.plot(computed_time, linear_results,"r*")
```

输出的插值曲线如图 3.9 所示。

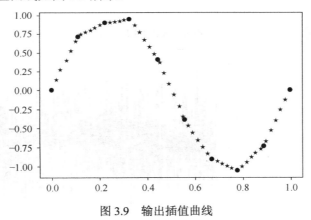

图 3.9　输出插值曲线

3.3.6　scipy.stats

scipy.stats 是统计工具模块，具有统计分布的均值和标准差等功能。例如：

【例 3-11】

```
#导入 Numpy、Matplotlib 和 scipy.stats
import numpy as np
import matplotlib.pyplot as plt
from scipy import stats
```

```
#随机生成1000个服从正态分布的数
a = np.random.normal(size=1000)
#统计均值、方差
loc, std = stats.norm.fit(a)
#输出均值、方差
print("均值=",loc)
print("方差=",std)
#画图
plt.plot(a)
plt.show()

#输出
均值= -0.016506211723131478
方差= 0.9889058543156352
```

输出的随机数据曲线如图 3.10 所示。

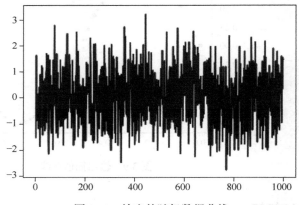

图 3.10　输出的随机数据曲线

第 4 章

TensorFlow 基础

4.1 概述

如前所述，TensorFlow 是 Google 的开源机器学习库，是基于 DistDelief 研发的第二代人工智能系统。TensorFlow 最初主要用于机器学习和深度神经网络方面的研究，比如计算机视觉、语音识别、自然语言理解等；但其通用性使它也可广泛用于其他领域。

TensorFlow 是一个采用数据流图（Data Flow Graph）、用于数值计算的开源软件库。节点（Node）在图中表示数学操作，图中的边（连线，Edge）则表示在节点间相互联系的多维数组，即张量（Tensor）。在 TensorFlow 计算图中，每个节点表示一次数学计算，每条边表示计算之间的依赖关系。它灵活的架构可以在多种平台上展开计算。

TensorFlow 的主要特点有[8]：

（1）灵活性：TensorFlow 是非严格的"神经网络"库。这意味着计算只要能够表示为数据流图，就能够使用。

（2）可移植性：TensorFlow 的底层核心采用 C++编译，可以运行在台式机、服务器、手机等设备上，提供对分布式系统的支持，能够快速构建深度学习集群。

（3）多语言支持：前端支持 Python、C/C++、Java 以及 Go 语言，但是目前对 Python 接口的支持最好。

（4）高效：提供对线程、队列、异步操作的支持，同时支持在 CPU 和 GPU

上运行，能够充分发挥硬件的潜力。

目前的主流学习框架如表 4.1 所示。各类深度学习框架，其可利用的资源有着显著的不同。其中，TensorFlow 灵活、高效、可移植，且有很详尽的文档教程，很容易被初学者理解和实现。

表 4.1　目前的主流学习框架

库名	发布者	支持语言	支持系统
TensorFlow	Google	Python/C++/ Java/Go	Linux/Mac OS/Windows/Android/iOS
Caffe	UC Berkeley	Python/C++/ MATLAB	Linux/Mac OS/Windows
CNTK	Microsoft	Python/C++/ BrainScript	Linux/Windows
MXNet	DMLC	Python/C++/MATLAB/ Julia/Go/R/Scala	Linux/Mac OS/ Windows/Android/iOS
Torch	Facebook	C/Lua/	Linux/Mac OS/ Windows/Android/iOS
Theano	蒙特利尔大学	Python	Linux/Mac OS/Windows
Neon	Intel	Python	Linux

4.2　TensorFlow 的安装

TensorFlow 提供了 CPU 和 GPU 两个版本。前者的环境需求简单，后者需要额外的 GPU 及驱动的支持。对于初学者，在神经网络和深度学习理论的理解以及 TensorFlow 的初级实现上，CPU 版本已经够用。

在正式安装 TensorFlow 前，首先要确保电脑已经安装好可用的 Python 版本，并且已添加好环境变量，参见 2.2 节。打开系统命令行窗口，输入

```
pip install tensorflow
```

后，将在线自动安装最新版本的 TensorFlow。

如果因为团队合作等原因，需要安装特定版本的 TensorFlow，例如安装1.12.0 版本，可通过下列命令实现：

```
pip install tensorflow==1.12.0
```

如图 4.1 所示。其安装过程如图 4.2 所示，安装完成后的界面如图 4.3 所示。

图 4.1　TensorFlow 安装

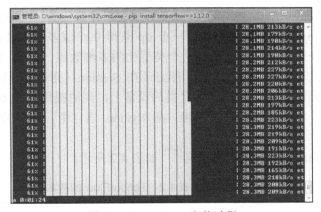

图 4.2　TensorFlow 安装过程

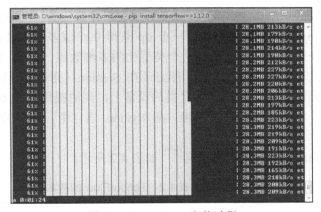

图 4.3　TensorFlow 安装完成后的界面

安装完成后，可在 Console 控制台中通过下面的程序验证 TensorFlow 是否安装成功。

```
In [1]: import tensorflow as tf

In [2]: hello = tf.constant('Hello, TensorFlow!')

In [3]: sess = tf.Session()

In [4]: print(sess.run(hello))
b'Hello, TensorFlow!'
```

4.3　TensorFlow 基本概念

TensorFlow 使用图（Graph）来表示计算任务。图中的节点（Node）称之为 op（"operation" 的缩写）。一个 op 获得 0 个或多个张量，执行计算，产生 0 个或多个张量。每个张量是一个类型化的多维数组。一个 TensorFlow 图描述了计算的过程。为了进行计算，图必须在 Session（会话）里被启动。会话将图的 op 分发到诸如 CPU 或 GPU 之类的设备上，同时提供执行 op 的方法。这些方法执行后，将所产生的张量返回。在 Python 语言中，返回的张量是 numpy ndarray 对象。

TensorFlow 的基本概念[8-10]如表 4.2 所示。

表 4.2　TensorFlow 的基本概念

类　　型	描　　述	用　　途
Session	会话	图必须在称之为"会话"的上下文中执行。会话将图的 op 分发到诸如 CPU 或者 GPU 之类的设备上计算
Graph	图	描述计算过程，必须在 Session 中启动
placeholder	占位符	输入变量载体
tensor	张量	数据类型之一，代表多维数组
op	操作	图中的节点被称为 op，一个 op 获得 0 或者多个张量，执行计算，产生 0 或者多个张量
Variable	变量	数据类型之一，运行过程中可以被改变，用于维护状态
constant	常量	数据类型之一，不可变
feed	赋值	为 op 的张量赋值
fetch	取值	从 op 的张量中取值

4.3.1　Graph 和 Session

TensorFlow 用"节点"（Node）和"边"（Edge）的有向图来描述数学计算的图像。节点一般用来表示施加的数学操作（Operation，op），但也可以表示数据输入的起点或输出的终点，或者读取/写入持久变量的终点。边表示节点与节点之间的输入输出关系。这些数据"边"可以输运"大小可动态调整"的多维数组，即"张量"。

TensorFlow 的计算模型为 Graph（图），一个 TensorFlow 图描述了计算的过程。计算图由一系列的 TensorFlow 操作（op）组成，并且这些操作编配成计算图的节点。站在计算图的角度，可以认为 TensorFlow 程序是由相对独立的两部分组成的：构建计算图、运行计算图。TensorFlow 程序通常被组织成一个构建阶段和一个执行阶段。在构建阶段，op 的执行步骤被描述成一个图。在执行阶段，使用 Session（会话）执行图中的 op，即：

（1）组装一个 Graph；

（2）使用 Session 去执行 Graph 中的 op。

构建图

构建图的第一步是创建源 op（Source op）。源 op 不需要任何输入，例如 constant（常量）。源 op 的输出被传递给其他 op 进行运算。TensorFlow 中有一个默认图（Default Graph），op 构造器可以为其增加节点。这个默认图对许多程序来说已经足够用了。

【例 4-1】

```
#导入 TensorFlow
import tensorflow as tf
a = tf.constant(3)              #定义常量3
b = tf.constant(4)              #定义常量4
c = tf.add(a, b)                # a + b
```

例 4-1 中默认图现在有 3 个节点：2 个常量（constant）op 和 1 个加法（add）op。为了真正进行加法运算，并得到加法的结果，必须在会话里启动这个图。

执行会话

TensorFlow 的运行模型为 Session（会话）。会话拥有和管理 TensorFlow 程序运行时的所有资源。当计算完成后，需要关闭会话来帮助系统回收资源；否则，可能出现资源泄露的问题。TensorFlow 使用会话的方式主要有以下例 4-2 和例 4-3 两种模式：

【例 4-2】

```
#导入 TensorFlow
import tensorflow as tf
hello = tf.constant('Hello, TensorFlow!')        #定义一个常量
sess = tf.Session()                              #建立一个 Session
print (sess.run(hello))            #通过 Session 里面的 run 来运行结果
sess.close()                                     #关闭 Session


#输出结果：
b'Hello, TensorFlow!'
```

【例 4-3】

```
#导入 TensorFlow
import tensorflow as tf
hello = tf.constant('Hello, TensorFlow!')        #定义一个常量
with tf.Session() as sess:                       #建立 Session
    print (sess.run(hello))


#输出结果：
b'Hello, TensorFlow!'
```

交互式使用

为了便于使用诸如 IPython 之类的 Python 交互环境，可以使用 InteractiveSession 代替 Session 类，使用 Tensor.eval() 和 Operation.run() 方法代替 Session.run()。这样,可以避免使用一个变量来持有会话。例如：

【例 4-4】

```
#导入 tensorflow
import tensorflow as tf
sess = tf.InteractiveSession()
x = tf.Variable([1.0, 2.0])
a = tf.constant([3.0, 3.0])
# 使用初始化器 initializer op 的 run() 方法初始化 'x'
x.initializer.run()
# 增加一个减法(sub)op, 从 'x' 减去 'a'。运行减法 op, 输出结果
sub = tf. subtract (x, a)
print (sub.eval())

#输出结果:
[-2. -1.]
```

4.3.2　placeholder

计算图可以使用占位符 placeholder 来参数化地从外部输入数据，placeholder 的作用是在稍后提供一个值。例如：

【例 4-5】

```
#导入 TensorFlow
import tensorflow as tf
a = tf.placeholder(tf.float32)
b = tf.placeholder(tf.float32)
adder_node = a + b
with tf.Session() as sess:
    print(sess.run(adder_node, {a: 3, b: 4.5}))
    print(sess.run(adder_node, {a: [1, 3], b: [2, 4]}))

#输出结果:
7.5
[3. 7.]
```

4.3.3 tensor

TensorFlow 的数据模型为 tensor（张量），可简单理解为类型化的多维数组。0 维张量是一个数字，也称为标量；1 维张量称为向量；2 维张量称为矩阵。TensorFlow 的数据结构有 rank、shape、data type 之分，下面分别予以介绍。

rank

rank（阶）一般是指数据的维度，其与线性代数中的"rank"不是一个概念，主要看有几层方括号。常用 rank 例子如表 4.3 所示。

表 4.3　常用 rank 例子

rank	名　称	例　子
0	标量	1
1	向量	[1,2]
2	矩阵	[[1,2],[3,4]]
3	3 阶张量	[[[1],[2]],[[1],[2]]]
n	n 阶张量	[[···[1],[2],···]]（n 层方括号）

shape

shape（形状）用于描述张量内部的组织关系，指 tensor 每个维度数据的个数，可以用 Python 的 list/tuple 表示。计算方法为：去掉方括号，逗号个数加 1 就是数组的值。例如：

【例 4-6】

```
#导入 TensorFlow
import tensorflow as tf
a = tf.constant([[0, 1, 2, 3], [4, 5, 6, 7]], dtype=tf.float32)
# 获取张量的秩
a_rank = tf.rank(a)
# 获取张量的形状
a_shape = tf.shape(a)
```

```
with tf.Session() as sess:
    print('constant tensor: {}'.format(sess.run(a)))
    print('the rank of tensor: {}'.format(sess.run(a_rank)))
    print('the shape of tensor: {}'.format(sess.run(a_shape)))

#输出:
constant tensor: [[0. 1. 2. 3.]
 [4. 5. 6. 7.]]
the rank of tensor: 2
the shape of tensor: [2 4]
```

data type

　　data type（数据类型）是指单个数据的类型。常用的是 DT_FLOAT，也就是 32 位的浮点数。tensor 主要数据类型如表 4.4 所示。

表 4.4　tensor 主要数据类型

tensor 数据类型	描　　述
DT_FLOAT	32 位浮点数
DT_DOUBLE	64 位浮点数
DT_INT64	64 位有符号整型
DT_INT32	32 位有符号整型
DT_INT16	16 位有符号整型
DT_INT8	8 位有符号整型
DT_UINT8	8 位无符号整型
DT_STRING	可变长度的字节数组
DT_BOOL	布尔型
DT_COMPLEX64	由两个 32 位浮点数组成的复数

　　TensorFlow 中与类型、形状有关的函数如表 4.5 和表 4.6 所示。

表 4.5　数据类型转换函数

函　数　名　称	功　能　介　绍
tf.string_to_number(string_tensor, out_type=None, name=None)	字符串转为数字

续表

函 数 名 称	功 能 介 绍
tf.to_double(x, name='ToDouble')	转为 64 位浮点类型——float64
tf.to_float(x, name='ToFloat')	转为 32 位浮点类型——float32
tf.to_int32(x, name='ToInt32')	转为 32 位整型——int32
tf.to_int64(x, name='ToInt64')	转为 64 位整型——int64
tf.cast(x, dtype, name=None)	将 x 或者 x.values 转换为 dtype

表 4.6　形状操作函数

函 数 名 称	功 能 介 绍
tf.shape(input, name=None)	返回数据的 shape（形状）
tf.size(input, name=None)	返回数据的元素数量
tf.rank(input, name=None)	返回 tensor 的 rank（阶）
tf.reshape(tensor, shape, name=None)	改变 tensor 的形状。如果 shape 有元素[-1]，表示在该维度打平至一维
tf.expand_dims(input, axis, name=None)	插入维度 1 进入一个 tensor 中

4.3.4　Variable

Variable 简介

当训练模型时，需要使用 Variable（变量）保存与更新参数。变量是在模型训练中允许修改的量。相同的输入，通过修改变量可以得到不同的输出值。在线性模型中，变量用来描述权重和偏移量。变量会保存在内存缓存区当中，所有 tensor 一旦拥有 Variable 的指向就不会在 Session 中丢失。建模时它们需要被明确地初始化，模型训练后它们必须被存储到磁盘。这些变量的值可在之后模型训练和分析时被加载。

值得注意的是 Variable 与 constant 的区别。constant 一般是常量，可以被赋值给 Variable。constant 保存在 Graph 中，如果 Graph 重复载入，那么 constant 也会重复载入，如此非常浪费资源；如非必要，尽量不使用它保存大量数据。而 Variable 在每个 Session 中都是单独保存的，甚至可以单独存储在一个参数服务器上。

初始化

变量是可以通过操作改变取值的特殊张量。变量必须先初始化后才可使用，当创建一个变量时，将一个张量作为初值传入构造函数 Variable()。

TensorFlow 提供了一系列操作符来初始化张量，其初值可以是常量，也可以是随机值。在初始化时需要指定张量的形状，其中变量的形状通常是固定的，但 TensorFlow 提供了高级的机制来重新调整。TensorFlow 提供的初值产生函数如表 4.7 所示。

表 4.7　初值产生函数

函 数 名 称	功 能 介 绍
tf.zeros	产生全 0 数组
tf.ones	产生全 1 数组
tf.fill	产生一个全部为给定值的数组
tf.constant	产生一个给定值的常数
tf.random_normal	正态分布
tf.truncated_normal	正态分布；但如果随机产生的值偏离平均值超过 2 个标准差，这个数将重新产生
tf.random_uniform	均匀分布
tf.random_gamma	Gamma 分布

注意，在计算前需要初始化所有的 Variable。一般会在定义 Graph 时定义 global_variables_initializer，它在 Session 运算时会初始化所有变量。如果仅想初始化部分 Variable，可以调用 tf.variables_initializer。例如：

【例 4-7】

```
#导入 TensorFlow
import tensorflow as tf
#变量 W 和 b
W = tf.Variable([2], dtype=tf.float32)
b = tf.Variable([-1], dtype=tf.float32)
#占位符 x
x = tf.placeholder(tf.float32)
#线性模型
linear_model = W*x + b
```

```
#变量初始化
init = tf.global_variables_initializer()
with tf.Session() as sess:
    sess.run(init)
    print("linear_model:",linear_model)
    print(sess.run(linear_model, {x:[1,2,3,4]}))
```

```
#输出:
linear_model: Tensor("add_2:0", dtype=float32)
[1. 3. 5. 7.]
```

除了 tf.Variable 函数，TensorFlow 还提供了 tf.get_variable 函数来创建或获取变量。它们的区别在于：对于 tf.Variable 函数，变量名称是个可选的参数，通过 name='v' 给出；但对于 tf.get_variable 函数，变量名称是必填的选项，它会首先根据变量名试图创建一个参数，如果遇到同名的参数就会报错。

TensorFlow 可以在 tf.Session 开始时一次性地初始化所有变量；对自行初始化变量，在 tf.Variable 上运行的 tf.get_variable 可以在定义变量的同时指定初始化器。例如：

【例 4-8】

```
#全局随机初始化器
import tensorflow as tf
a = tf.get_variable(name='var5', shape=[1, 2])
init = tf.global_variables_initializer()
with tf.Session() as sess:
    sess.run(init)
    print(a.eval())
```

【例 4-9】

```
#自行定义初始化器
import tensorflow as tf
# 定义全零初始化的三维变量
var1 = tf.get_variable(name="zero_var", shape=[1, 2, 3],
        dtype=tf.float32,\ initializer=tf.zeros_initializer)
# 使用常数初始化变量，此时不指定 shape（形状）
var2 = tf.get_variable(name="user_var", \
        initializer=tf.constant([1, 2, 3], dtype=tf.float32))
```

4.3.5　fetch 和 feed

　　fetch（取值）用来从 op 的张量中取值。为了取回操作的输出内容，可以在使用 Session 对象的 run() 调用执行图时，传入一些 tensor 来取回结果。当获取多个 tensor 值时，是在 op 的一次运行中一起获得的，而不是逐个去获取。例如：

【例 4-10】

```
#导入 TensorFlow
import tensorflow as tf
input1 = tf.constant(3.0)
input2 = tf.constant(2.0)
input3 = tf.constant(5.0)
intermed = tf.add(input2, input3)
mul = tf.multiply(input1, intermed)
with tf.Session() as sess:
  result = sess.run([mul, intermed])
  print (result)


# 输出:
[21.0, 7.0]
```

　　feed（赋值）使用一个 tensor 值替换一个操作的输出结果。可以提供 feed 数据作为 run() 调用的参数。feed 只在调用它的方法内有效；其方法一旦结束，feed 就会消失。最常见的用例是将某些特殊的操作指定为"feed"操作，标记的方法是使用 tf.placeholder() 为这些操作创建占位符。例如：

【例 4-11】

```
#导入 TensorFlow
import tensorflow as tf
input1 = tf.placeholder(tf.float32)
input2 = tf.placeholder(tf.float32)
output = tf.multiply(input1, input2)
with tf.Session() as sess:
  print (sess.run([output], feed_dict={input1:[10.], input2:[5.]}))
```

```
# 输出:
[array([50.], dtype=float32)]
```

4.4 MNIST

4.4.1 MNIST 简介

开始学习编程时，第一件事往往是学习打印"Hello World"。编程入门有"Hello World"，机器学习入门则有 MNIST（Mixed National Institute of Standards and Technology database）[9]。MNIST 是一个计算机视觉数据集，它来自美国国家标准与技术研究所，其中包含 70 000 张手写数字的灰度图片，每张图片包含 28×28 个像素点。每张图片都有对应的标签，也就是与图片对应的数字。

MNIST 数据集被分成两部分：60 000 行的训练数据集（mnist.train）和 10 000 行的测试数据集（mnist.test）。训练集由来自 250 个不同人手写的数字构成，其中 50%是高中学生，50% 来自人口普查局的工作人员；测试集也是同样比例的手写数字数据，其中 60 000 行的训练集拆分为 55 000 行的训练集和 5 000 行的验证集。

60 000 行的训练数据集是一个形状为 [60000, 784] 的张量，第一个维度数字用于图片索引，第二个维度数字用于每张图片中像素点的索引，如图 4.4 所示。

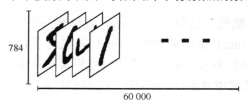

图 4.4 MNIST 训练数字图片

每张图片为一个 28×28=784 维的张量。在此张量里的每一个元素，都表示某张图片里的某个像素的强度值，其值介于 0 和 1 之间，如图 4.5 所示。在图 4.5 中，为了能清晰地显示，右侧显示为 14×14 的矩阵。

60 000 行的训练数据集，其标签是介于 0～9 之间的数字，用来描述给定图片里表示的数字，称为"one-hot vectors"（独热码）。一个"one-hot"向量除了某一位的数字是 1 以外，其余各维度数字都是 0。数字 n 将表示成一个只有在第 n 维度（从 0 开始）数字为 1 的 10 维向量。比如，标签 0 表示成（[1, 0, 0, 0, 0, 0, 0, 0, 0, 0]），标签 1 表示成（[0, 1, 0, 0, 0, 0, 0, 0, 0, 0]），等等。因此，训练数据集的标签是一个 [60000, 10] 的数字矩阵。

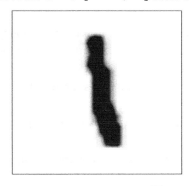 ≃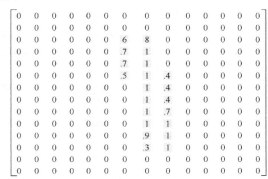

图 4.5　MNIST 数字图片像素强度

4.4.2　MNIST 解析

TensorFlow 提供了封装好的 MNIST 数据集处理类，可以用如下代码导入 MNIST 数据集：

```
from tensorflow.examples.tutorials.mnist import input_data
mnist = input_data.read_data_sets ( "MNIST_data/", one_hot=True )
```

当成功获取 MNIST 数据集后，就会发现本地已经下载了 4 个压缩文件，如表 4.8 所示。

表 4.8　MNIST 数据集压缩文件

序号	压 缩 文 件
1	#训练集的压缩文件，9912422 Byte Extracting MNIST_data / train-images-idx3-ubyte.gz
2	#训练集标签的压缩文件，28881 Byte Extracting MNIST_data / train-labels-idx1-ubyte.gz
3	#测试集的压缩文件，1648877 Byte Extracting MNIST_data / t10k-images-idx3-ubyte.gz
4	#测试集的压缩文件，4542 Byte Extracting MNIST_data / t10k-labels-idx1-ubyte.gz

可以通过下面的例 4-12 程序在终端打印数据集的张量情况。

【例 4-12】

```
#导入 MINST 数据集
from tensorflow.examples.tutorials.mnist  import  input_data
mnist = input_data.read_data_sets ( "MNIST_data/", one_hot=True )
#训练集的张量
print ('训练集的张量形状', mnist.train.images.shape )
#训练集标签的张量
print ('训练集标签的张量形状', mnist.train.labels.shape )
#验证集的张量
print ('验证集的张量形状', mnist.validation.images.shape )
#验证集标签的张量
print ('验证集标签的张量形状', mnist.validation.labels.shape )
#测试集的张量
print ('测试集的张量形状', mnist.test.images.shape )
#测试集标签的张量
print ('测试集标签的张量形状', mnist.test.labels.shape )


#输出:
训练集的张量形状 (55000, 784)
训练集标签的张量形状 (55000, 10)
验证集的张量形状 (5000, 784)
验证集标签的张量形状 (5000, 10)
测试集的张量形状 (10000, 784)
测试集标签的张量形状 (10000, 10)
```

为了了解 MNIST 中的图片情况，可以对它们进行可视化处理。通过 Matplotlib 库的 imshow 函数进行绘制，如例 4-13 和例 4-14 所示。

【例 4-13】

```
#MNIST 数字图片显示
#导入 MINST 数据集
from tensorflow.examples.tutorials.mnist import input_data
mnist = input_data.read_data_sets("MNIST_data/", one_hot=True)
import matplotlib.pyplot as plt
im = mnist.train.images[1]
```

```
im = im.reshape(-1,28)
plt.imshow(im)
plt.show()
```

输出的 MNIST 数字图片如图 4.6 所示。

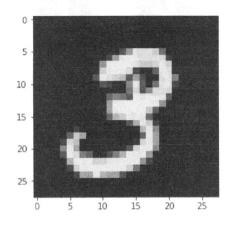

图 4.6　输出的 MNIST 数字图片

【例 4-14】

```
#MNIST 多子图数字图片显示
#导入 MINST 数据集
from tensorflow.examples.tutorials.mnist import input_data
mnist = input_data.read_data_sets("MNIST_data/", one_hot=True)
import matplotlib.pyplot as plt
for i in range(9):
    im = mnist.train.images[i]
    im = im.reshape(-1,28)
    plt.subplot(3, 3, i+1)
    plt.imshow(im)
    plt.axis("off")
plt.show()
```

输出 MNIST 多子图数字图片如图 4.7 所示。

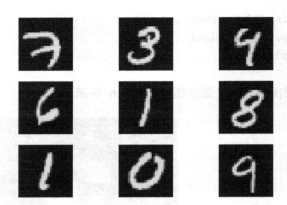

图 4.7　输出 MNIST 多子图数字图片

第 **5** 章

神经网络基础

5.1 神经网络概述

神经网络（Neural Network，NN）或人工神经网络（Artificial Neural Network，ANN），是指用大量的简单计算单元（即神经元）构成的非线性系统，它在一定程度上模仿了人脑神经系统的信息处理、存储和检索功能，是对人脑神经网络的某种简化、抽象和模拟[11, 12]。

早在 1943 年，心理学家 McCulloch 和数学家 Pitts 就合作提出了神经元的数学模型——M-P 神经元模型，证明了单个神经元能执行逻辑功能，从此开创了神经科学理论研究的时代。1957 年，Rosenblatt 提出了感知机模型，该模型由阈值性神经元组成，试图模拟动物和人脑的感知和学习能力。之后，Minsky 等人仔细分析了以感知机为代表的神经网络系统的功能和局限后，于 1969 年出版了《Perceptron》一书，指出感知机不能解决基本的异或问题；他们的论点极大地影响了神经网络的研究，使人工神经网络的研究陷入了第一次低潮。

1982 年，Hopfield 提出了具有联想记忆功能的 Hopfield 神经网络，引入了能量函数的原理，给出了网络的稳定性判据，这一成果标志着神经网络的研究取得了突破性的进展。1985 年，Rumelhart 等人提出 BP 网络的误差反向传播学习算法，该算法利用输出后的误差来估计输出层的直接前导层的误差，再用这个误差估计更前一层的误差，如此一层一层地反传下去，就获得了所有其他各层的误差估计。1990 年，Yann LeCun 发表文章，采用 BP 神经网络实现对手写数字的识别，这可以被视作神经网络的"第一个"重大应用。直到 20 世纪 90

年代末，超过 10%的美国支票都采用该技术进行自动识别。

然而，卷积要消耗大量的计算资源，BP 方法又会带来梯度弥散的问题，从而限制了神经网络的深度和效果。相反，俄罗斯学者 Vladmir Vapnik 在 1963 年提出的支撑向量机概念则不断深入发展；到 2002 年，已将手写数字识别的错误率降至 0.56%，其效果远好于同时期的神经网络。神经网络研究迎来了第二次寒冬。

2005 年以后，神经网络卷土重来，迎来了深度神经网络时代。2012 年，AlexNet 横空出世，在 ImageNet 上击溃了传统的机器学习方法，取得了令人瞩目的成绩，彻底掀起了深度学习的热潮，各种深度学习的机制不断出现，比如可以处理时序数据的循环神经网络、长短时记忆网络等[1]。

5.1.1　神经网络常用术语

神经网络有很多专业术语，下面对其进行简要介绍。

人工神经元

人工神经元是按照生物神经元的结构和工作原理构造出来的一个抽象的和简化了的模型。在神经网络中，神经元接收输入，处理它并产生输出；而这个输出被发送到其他神经元用于进一步处理，或者作为最终输出进行输出。

权重

当输入进入神经元时，它会乘以一个权重。例如，如果一个神经元有两个输入，则每个输入都将具有分配给它的一个关联权重。神经元对权重进行随机初始化，并在模型训练过程中更新这些权重。假设输入为 a，且与其相关联的权重为 W，那么在通过节点后，输入变为 $a \times W$。

偏置

除了权重之外，另一个被应用于输入的线性分量被称为偏置。它被加到权重与输入相乘的结果中。添加偏置的目的是改变权重与输入相乘所得结果的范围。假设偏置为 b，则添加偏置后，结果将看起来像 $a \times W + b$。这是输入变换的最终线性分量。

激活函数

激活函数的主要作用是加入非线性因素，以解决线性模型表达能力不足的问题。因为神经网络要求在数学上处处可微，所以所选取的激活函数要求其输入和输出也都是可微的。在神经网络中常用的激活函数有 sigmoid、tanh、ReLU 和 softmax 等。

神经网络

神经网络由相互联系的神经元构成。这些神经元有权重和在网络训练期间根据错误进行更新的偏差。激活函数将非线性变换置于线性组合，而这个线性组合稍后会生成输出。激活的神经元的组合会给出输出值。

输入层、输出层和隐藏层

输入层是接收输入的那一层，本质上是网络的第一层。而输出层是生成输出的那一层，也可以说是网络的最终层。处理层是网络中的隐藏层。这些隐藏层是对传入数据执行特定任务并将其生成的输出传递到下一层的那些层。输入层和输出层是可见的，而中间层则是隐藏的。

正向传播和反向传播

正向传播是指输入通过隐藏层到输出层的运动。在正向传播中，信息沿着一个单一方向前进。输入层将输入提供给隐藏层，然后生成输出。在此过程中是没有反向运动的。

使用损失函数的梯度的权重更新，被称为反向传播。当定义神经网络时，为节点分配随机权重和偏差值，一旦收到单次迭代的输出，就可以计算出网络的错误。然后将该错误与损失函数的梯度一起从外层通过隐藏层流回，以更新网络的权重。最后更新这些权重，以便减少后续迭代中的错误。

损失函数

当建立一个网络时，网络试图将输出预测得尽可能接近实际值。可使用损失函数（也称成本函数）来衡量网络的准确性，以提高预测精度并减少误差，从而最大限度地降低损失。最优化的输出是那些损失函数值最小的输出。

学习率

学习率被定义为每次迭代中损失函数中最小化的量，即下降到损失函数的最小值的速率。学习率的选择很关键，若学习率非常大，则最佳解决方案可能被错过；若学习率非常小，则网络优化效率会很低。

泛化

泛化指训练好的模型在未见过的数据上的表现能力。具有良好泛化能力的网络，在输入数据与训练数据稍有不同时也能得到比较好的结果。

欠拟合和过拟合

欠拟合是指模型拟合程度不高，数据距离拟合曲线较远；或者指模型没有很好地捕捉到数据特征，不能很好地拟合数据。

过拟合是指模型过度的学习训练数据中的细节和噪声，以至于模型在新的数据上表现很差。

正则化

正则化是在损失函数中加入模型复杂程度，以避免过拟合。

批次

在训练神经网络时，不用一次发送全部输入，而将输入分成几个随机的大小相等的块。与将全部数据一次性送入网络相比，在训练时将数据分批发送，这样所建立的模型会更具有一般性。

周期

周期被定义为向前传播和向后传播中所有批次的单次训练迭代。这意味着 1 个周期是整个输入数据的单次向前和向后传递。可对用来训练网络的周期数进行选择，更大的周期数将显示出更高的网络准确性，但网络融合需要更长的时间。另外，如果周期数太大，网络可能会出现过拟合。

5.1.2　神经网络模型

神经网络是由大量的神经元互相连接而构成的网络。根据网络中神经元的互连方式，常见的网络结构主要可以分为以下 3 类：

（1）前馈神经网络；

（2）反馈神经网络；

（3）自组织神经网络。

前馈网络也称前向网络。之所以称其为前馈网络，是因为这种网络只在训练过程中会有反馈信号，而在分类过程中数据只能向前传送，直至到达输出层，中层间没有向后的反馈信号。BP 神经网络就属于前馈网络。

反馈神经网络是一种从输出到输入具有反馈连接的神经网络，其结构比前馈网络要复杂得多。典型的反馈型神经网络有 Elman 网络和 Hopfield 网络。

自组织神经网络是一种非监督学习网络。它通过自动寻找样本中的内在规律和本质属性，自组织、自适应地改变网络参数与结构，如聚类分析等。

5.1.3　神经网络的运作

神经网络运作过程分为学习和工作两种状态。

神经网络学习状态

神经网络的学习主要是指使用学习算法来调整神经元间的连接权，使得网络输出更符合实际。学习算法主要分为监督学习算法和非监督学习算法两类。监督学习算法是将一组训练集送入网络，根据网络的实际输出与期望输出间的差别来调整连接权。非监督学习算法抽取样本集合中蕴含的统计特性，并以神经元之间的连接权的形式存于网络中。

监督学习算法的主要步骤如下：

（1）从样本集合中取一个样本（A_i，B_i），其中 A_i 是输入，B_i 是期望输出；

（2）计算网络的实际输出 O；

（3）求 $D = B_i - O$；

（4）根据 D 调整权矩阵 W；

（5）对每个样本重复上述过程，直到误差对整个样本集来说不超过规定范围为止。

监督学习算法：Delta 学习规则

Delta 学习规则是一种简单的监督学习算法，该算法根据神经元的实际输出与期望输出之间的差别来调整连接权，其数学表示如下：

$$w_{ij}(t+1) = w_{ij}(t) + \alpha(d_i - y_i)x_j(t) \tag{5.1}$$

式中，w_{ij} 表示神经元 j 到神经元 i 的连接权；d_i 是神经元 i 的期望输出；y_i 是神经元 i 的实际输出；x_j 表示神经元 j 的状态，若神经元 j 处于激活态则 x_j 为 1，若处于抑制状态则 x_j 为 0 或–1（根据激活函数而定）；α 是表示学习速度的常数。假设 x_j 为 1，若 d_i 比 y_i 大，那么 w_{ij} 将增大；若 d_i 比 y_i 小，那么 w_{ij} 将变小。

简单地说，Delta 学习规则就是：若神经元实际输出比期望输出大，则减小所有输入为正的连接的权重，增大所有输入为负的连接的权重；反之，若神经元实际输出比期望输出小，则增大所有输入为正的连接的权重，减小所有输入为负的连接的权重。

神经网络的工作状态

若神经元间的连接权保持不变，则神经网络处于工作状态，作为分类器、预测器等使用。

5.1.4　神经网络算法的特点

神经网络算法是一种通用的优化算法，人们可以在几乎所有的领域中发现神经网络算法的应用。它具有以下特点：

（1）神经网络方法与传统的参数模型方法最大的不同在于它是数据驱动的自适应技术，不需要对问题模型做任何先验假设。在解决问题的内部规律未知或难以描述的情况下，神经网络可以通过对样本数据的学习训练，获取数据之间隐藏的函数关系。因此，神经网络方法特别适用于解决一些利用假设和现存理论难以解释，却具备足够多的数据和观察变量的问题。

（2）神经网络技术具备泛化能力，而泛化能力是指经训练后学习模型对未来训练集中出现的样本做出正确反应的能力，因此可以通过样本内的历史数据来预测样本外的未来数据。神经网络可以通过对输入的样本数据的学习训练，获得隐藏在数据内部的规律，并利用学习到的规律来预测未来的数据。因此，泛化能力使神经网络成为一种理想的预测技术。

（3）神经网络是一个具有普遍适用性的函数逼近器，它能以任意精度逼近任何连续函数。在处理同一个问题时，神经网络的内部函数形式比传统的统计方法更为灵活、有效。传统的统计预测模型由于存在各种限制，不能对复杂的变量函数关系进行有效的估计；而神经网络强大的函数逼近能力，为复杂系统内部函数识别提供了一种有效的方法。

（4）神经网络算法是非线性的方法。神经网络中的每个神经元都可以接收大量其他神经元的输入，而且每个神经元的输入和输出之间都是非线性关系。神经元之间的这种互相制约和互相影响的关系，可以实现整个网络从输入状态空间到输出状态空间的非线性映射。因此，神经网络可以处理一些环境信息十分复杂、知识背景不清楚和推理规则不明确的问题。

5.2　神经元模型

前已述及，1943 年，心理学家 McCulloch 和数学家 Pitts 按照生物神经元的结构和工作原理合作提出了神经元的数学模型——M-P 神经元模型，开创了神经科学理论研究的时代。

生物神经元结构如图 5.1 所示。神经元在结构上主要由细胞体、树突、轴突和突触 4 部分组成。

- ➢ 细胞体是神经元的主体，由细胞核、细胞质和细胞膜 3 部分组成。
- ➢ 树突是从细胞体向外延伸出的许多突起的神经纤维，负责接收来自其他神经元的输入信号。树突相当于细胞体的输入端。
- ➢ 轴突是由细胞体伸出的最长的一条突起。轴突比树突长而细。轴突也叫神经纤维，其末端有很多细的分支，称为神经末梢；每条神经末梢可以向四面八方传出信号。轴突相当于细胞体的输出端。
- ➢ 一个神经元通过其轴突的神经末梢和另一个神经元的细胞体或树突进行通信连接。这种连接相当于神经元之间的输入输出接口，称为突触。

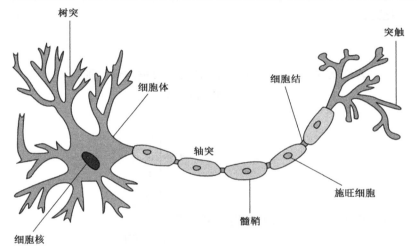

图 5.1　生物神经元结构

　　M-P 神经元模型是按照生物神经元的结构和工作原理构造出来的一个抽象的和简化了的人工神经元模型，如图 5.2 所示。神经网络由许多并行运算、功能简单的神经元组成，神经元是构成神经网络的基本元素。

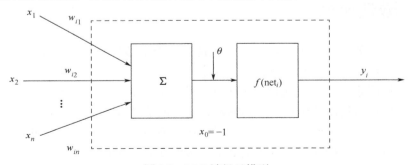

图 5.2　M-P 神经元模型

图 5.2 中的 $x_1 \sim x_n$ 是从其他神经元传来的输入信号，w_{ij} 表示表示从神经元 j 到神经元 i 的连接权值，θ 表示一个阈值（或称为偏置），则神经元 i 的输出与输入的关系表示为：

$$\text{net}_i = \sum_{j=1}^{n} w_{ij} x_j - \theta \tag{5.2}$$

$$y_i = f(\text{net}_i) \tag{5.3}$$

图 5.2 中的 y_i 表示神经元 i 的输出，函数 f 称为激活函数或转移函数，net 称为净激活。若将阈值看成神经元 i 的一个输入 x_0 的权重 w_{i0}，则式（5.2）可以简化为：

$$\text{net}_i = \sum_{j=0}^{n} w_{ij} x_j \tag{5.4}$$

若用 $\boldsymbol{X}$ 表示输入向量，用 $\boldsymbol{W}$ 表示权重向量，即

$$\boldsymbol{X} = [x_0 \quad x_1 \quad x_2 \quad \cdots \quad x_n] \tag{5.5}$$

$$\boldsymbol{W} = \begin{bmatrix} w_{i0} \\ w_{i1} \\ w_{i2} \\ \vdots \\ w_{in} \end{bmatrix} \tag{5.6}$$

则神经元的输出可以表示为向量相乘的形式：

$$\text{net}_i = \boldsymbol{X}\boldsymbol{W} \tag{5.7}$$

$$\boldsymbol{Y}_i = f(\text{net}_i) = f(\boldsymbol{X}\boldsymbol{W}) \tag{5.8}$$

若神经元的净激活 net 为正，则称该神经元处于激活状态；若其净激活 net 为负，则称该神经元处于抑制状态。

5.3　激活函数

如果将一个神经元的输出通过一个非线性函数，整个神经网络模型就不再是线性的了，这个非线性函数就是激活函数。激活函数的主要作用是加入非线性因素，以解决线性模型表达能力不足的问题，在整个神经网络中至关重要。所选取的激活函数要求其输入和输出都是可微的。

在神经网络里，常用的激活函数有 sigmoid、tanh、ReLU 和 softmax 等函数[13]。TensorFlow 提供的激活函数命令如表 5.1 所示。

表 5.1　激活函数命令

命　令	描　述
tf.nn.sigmoid(x, name=None)	sigmoid 函数：$y = 1 / [1 + \exp(-x)]$
tf.nn.tanh(x, name=None)	tanh 函数：双曲正切激活函数
tf.nn.relu(features, name=None)	整流函数：max(features, 0)
tf.nn.relu6(features, name=None)	以 6 为阈值的整流函数：min[max(features, 0), 6]
tf.nn.softplus(features, name=None)	计算 softplus 函数：ln[exp(features) + 1]
tf.nn.softmax(logits, name=None)	计算 softmax 函数
tf.nn.log_softmax(logits, name=None)	对 softmax 函数取对数

5.3.1　sigmoid 函数

sigmoid 函数是最常用的激活函数之一，它被定义为：

$$f(x) = \frac{1}{1 + e^{-x}} \quad (0 < f(x) < 1) \tag{5.9}$$

其图形如图 5.3 所示。sigmoid 函数变换产生一个其值为 0～1 之间平滑的范围。有时需要观察在输入值略有变化时输出值中发生的变化，而光滑的曲线就能够做到这一点，因此 sigmoid 函数优于阶跃函数。

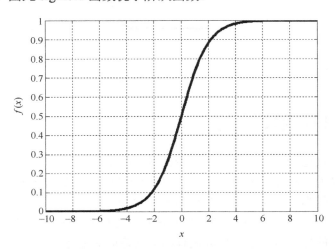

图 5.3　sigmoid 函数图形

5.3.2　tanh 函数

tanh 函数也是一个非常常用的激活函数，它被定义为：

$$f(x) = \frac{1 - e^{-2x}}{1 + e^{-2x}} \qquad (-1 < f(x) < 1) \tag{5.10}$$

其图形如图 5.4 所示。

tanh 函数产生一个值为-1～1 之间更平滑的范围。其收敛速度比 sigmoid 函数快，但它比 sigmoid 函数有更广的值域。

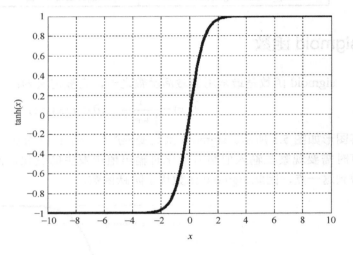

图 5.4　tanh 函数图形

5.3.3　ReLU 函数

最近网络上更喜欢使用 ReLU（整流线性单位）函数来处理隐藏层。该函数定义为：ReLU(x) = max(x, 0)。当 $X > 0$ 时，函数的输出值为 X；当 $X \leqslant 0$ 时，输出值为 0。该函数的图形如图 5.5 所示。

使用 ReLU 函数最主要的好处，是对大于 0 的所有输入来说，它都有一个不变的导数值。常数导数值有助于网络训练进行得更快。

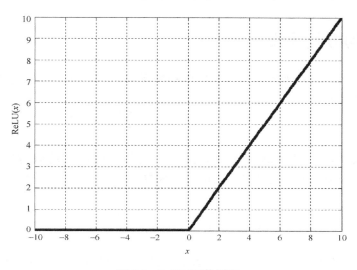

图 5.5 ReLU 函数图形

5.3.4 softmax 函数

softmax 函数通常用作输出层的激活函数，用于分类问题。现实生活中需要对某一问题进行多种分类，例如对图片进行分类，这时就需要使用 softmax 算法。

softmax 算法就是：如果判断输入属于某一个类的概率大于属于其他类的概率，那么这个类对应的值就逼近于 1，其他类的值就逼近于 0。该算法的主要应用是多分类，而且是互斥的，即只能属于其中的一个类。所以，softmax 函数可理解为 sigmoid 函数的扩展，其定义为：假设有一个数组 V，V_i 表示 V 中的第 i 个元素，那么这个元素的 softmax 值为

$$S_i = \frac{\mathrm{e}^{V_i}}{\sum_j \mathrm{e}^{V_j}} \tag{5.11}$$

也就是该元素的指数与所有元素指数和的比值。所有比值之和能保证总和为 1。

5.4 损失函数

损失函数（成本函数）用来衡量网络的准确性[11]，提高预测精度并减少误差。最优化的输出是那些损失函数值最小的输出。常用的损失函数有均方差函数和交叉熵函数。

5.4.1　均方差函数

均方差函数是一种常用的损失函数，若将损失函数定义为均方误差，则可以写为

$$\text{Loss} = \frac{\sum (y - y\_)^2}{n} \tag{5.12}$$

式中，n 是训练输入的数量，y 是预测值，$y\_$ 是该特定示例的实际值。在 TensorFlow 中没有单独的均方差函数，但可以由下面的简单语句写出：

```
loss = tf.reduce_mean(tf.pow(logits - outputs), 2.0)
loss = tf.reduce_mean(tf.square(tf.sub(logits, outputs)))
```

在这段代码中，logits 表示标签值，outputs 表示预测输出值，reduce_mean() 的作用是求平均值。

5.4.2　交叉熵函数

交叉熵（Cross Entropy）是信息论中一个重要概念，主要用于度量两个概率分布间的差异性信息；交叉熵函数是分类问题中使用比较广的一种损失函数。以交叉熵作为损失函数，其最大的好处是可以避免梯度消散。给定两个概率分布 p 和 q，则通过 q 来表示 p 的交叉熵为

$$H(p,q) = -\sum_x p(x) \log_2 q(x) \tag{5.13}$$

在 TensorFlow 中常见的交叉熵函数，有 sigmoid 交叉熵函数、softmax 交叉熵函数、sparse 交叉熵函数和加权 sigmoid 交叉熵函数等，如表 5.2 所示。

表 5.2　常见的交叉熵函数

操　　作	描　　述
tf.nn.sigmoid_cross_entrop_with_logits (logits, labels, name=None)	计算输入 logits 和 labels 的交叉熵
tf.nn.softmax_cross_entrop_with_logits (logits, labels, name=None)	计算输入 logits 和 labels 的 softmax 交叉熵
tf.nn.sparse_softmax_cross_entrop_with_logits (logits, labels, name=None)	计算输入 logits 和 labels 的 softmax 交叉熵，logits 和 labels 不必是 one-hot 编码
tf.nn.weighted_cross_entrop_with_logits (logits, labels, name=None)	在交叉熵的基础上给第一项乘以一个加权系数

5.5　梯度下降算法

梯度下降算法通常也叫最速下降算法，是一种最优化算法，它基于这样一个事实：如果实值函数 $f(x)$ 在点 x 处可微且有定义，那么函数 $f(x)$ 在 x 点沿着负梯度（梯度的反方向）下降最快。梯率下降算法就是沿着梯度下降方向求解最小值的。

梯度下降算法主要用来优化单个参数的取值，而反向传播算法给出了一个高效的方式在所有参数上使用梯度下降算法，从而使神经网络模型在训练数据上的损失函数尽可能小。反向传播算法是训练神经网络的核心算法，它可以根据定义好的损失函数优化神经网络中参数的取值，从而使神经网络模型在训练数据集上的损失函数达到一个较小值。

5.5.1　梯度下降算法推导

假设 x 是一个向量，考虑 $f(x_k)$ 的泰勒展开式：

$$f(x_k + \Delta x_k) = f(x_k) + \nabla f(x_k)\Delta x_k + o((\Delta x_k)^2) \approx f(x_k) + \nabla f(x_k)\Delta x_k \quad (5.14)$$

其中

$$\Delta x_k = x_{k+1} - x_k = \alpha_k d_k \quad (5.15)$$

式中，α_k 为步长标量，d_k 是方向向量的大小。如果想要函数值下降，则要求

$$\nabla f(x_k)\Delta x_k = \| \nabla f(x_k) \| \cdot \| \Delta x_k \| \cdot \cos(\nabla f(x_k), \Delta x_k) < 0 \quad (5.16)$$

如果想要下降得最快，则需要 $\nabla f(x_k)\Delta x_k$ 取最小值，即

$$\cos(\nabla f(x_k), \Delta x_k) = -1 \quad (5.17)$$

也就是说，此时 x 的变化方向（Δx_k 的方向）跟梯度 $\nabla f(x_k)$ 的方向恰好相反。梯度迭代公式为：

$$x_{k+1} = x_k - \alpha_k \frac{\nabla f(x_k)}{\| \nabla f(x_k) \|} \quad (5.18)$$

那么步长如何选取呢？步长的选取很关键：如果较小，会收敛很慢；如果较大，可能有时候会跳过最优点，甚至导致函数值增大。因此，最好选择一个变化的步长，在离最优点较远时步长大一点，在离最优点较近时步长小一点。

一个不错的选择是 $\alpha_k = \alpha \| \nabla f(x_k) \|$，于是梯度迭代公式变为：

$$x_{k+1} = x_k - \alpha \nabla f(x_k) \quad (5.19)$$

此时 α 是一个固定值，称为学习率。该方法称为固定学习率的梯度下降算法。

5.5.2　梯度下降算法种类

常用的梯度下降算法可以分为：批量梯度下降算法、小批量梯度下降算法和随机梯度下降算法。

批量梯度下降（BGD）算法

批量梯度下降法针对的是整个数据集，通过对所有的样本的计算来求解梯度的方向。每次迭代都要使用到所有的样本，对于数据量特别大的情况，如大规模的机器学习应用，每次迭代求解所有样本需要花费大量的计算成本。

小批量梯度下降（MBGD）算法

小批量梯度下降算法在每次的迭代过程中利用部分样本代替所有的样本。假设训练集中的样本个数为 100，且每个小批量中含有 10 个样本，这样整个训练数据集可以分为 10 个小批量。

随机梯度下降（SGD）算法

随机梯度下降算法可以看成小批量梯度下降算法的一个特殊情形，即在该算法中每次仅根据一个样本对模型中的参数进行调整。这种算法的速度比较快，但收敛性能不太好。

TensorFlow 的主要梯度下降函数有 3 种，如表 5.3 所示。

表 5.3　TensorFlow 梯度下降函数

梯度下降函数	描　　述
tf.train.GradientDescentOptimizer(learning_rate)	创建一般梯度下降优化器
tf.train.AdamOptimizer(learning_rate)	创建 Adam 优化器
tf.train.MomentumOptimizer(learning_rate)	创建 Momentum 优化器

5.6　BP 算法

5.6.1　BP 网络简介

1985 年，Rumelhart 等人提出 BP 网络的误差反向传播（Back Propagation，BP）学习算法。该算法利用输出后的误差来估计输出层的直接前导层的误差，再用这个误差估计更前一层的误差，如此一层一层地反传下去，就获得了所有其他各层的误差估计。它是一种目前最常用的神经网络算法。

BP 神经网络算法的主要思想是：对于 n 个输入学习样本 $x_1, x_2, \cdots, x_n$，已知与其对应的 m 个输出样本为 $t_1, t_2, \cdots, t_m$，用网络的实际输出 $(z_1, z_2, \cdots, z_m)$ 与目标矢量 $(t_1, t_2, \cdots, t_m)$ 之间的误差来修改其权值，使 z_l（$l = 1, 2, \cdots, m$）与期望的 t_l 尽可能地接近。

BP 神经网络的学习过程主要由 4 部分组成：输入模式顺传播、输出误差逆传播、循环记忆训练、学习结果判别。这个算法的学习过程，由正向传播和误差反向传播组成。在正向传播过程中，输入信息从输入层经隐藏层单元逐层处理，并传向输出层，每一层神经元的状态只影响下一层神经元的状态。如果在输出层不能得到所期望的输出，则转入误差反向传播，将误差信号沿原来的连接通路返回，通过修改各层神经元的权值，使得误差信号减小；然后转入正向传播过程。反复迭代，直到误差小于给定的值为止[12]。

5.6.2　BP 算法流程

采用 BP 学习算法的前馈型神经网络通常被称为 BP 网络。BP 网络具有很强的非线性映射能力，一个三层 BP 神经网络能够实现对任意非线性函数的逼近。一个典型的三层 BP 神经网络模型如图 5.6 所示。下面推导三层 BP 神经网络权值更新的公式，多隐藏层的 BP 神经网络权值更新过程可类比。

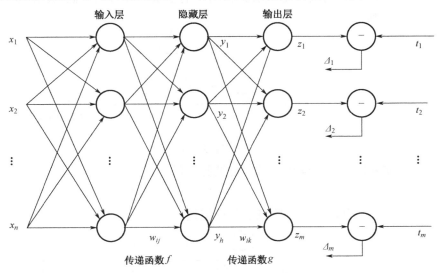

图 5.6　典型的三层 BP 神经网络模型

设网络的输入模式为 $\boldsymbol{x} = (x_1, x_2, \cdots, x_n)^{\mathrm{T}}$，隐藏层有 h 个单元，隐藏层的输出为 $\boldsymbol{y} = (y_1, y_2, \cdots, y_h)^{\mathrm{T}}$，输出层有 m 个单元，它们的输出为 $\boldsymbol{z} = (z_1, z_2, \cdots, z_m)^{\mathrm{T}}$，目标输出为 $\boldsymbol{t} = (t_1, t_2, \cdots, t_m)^{\mathrm{T}}$，从输入层到隐藏层的传递函数为 f，从隐藏层到输出层的传递函数为 g。于是可得

$$y_j = f(\sum_{i=1}^{n} w_{ij} x_i - \theta) = f(\sum_{i=0}^{n} w_{ij} x_i) \tag{5.20}$$

式中，y_j 表示隐藏层第 j 个神经元的输出，$w_{0j} = \theta$ 和 $x_0 = -1$ 表示偏置。

$$z_k = g(\sum_{j=0}^{h} w_{jk} y_j)^2 \tag{5.21}$$

式中，z_k 表示输出层第 k 个神经元的输出。此时网络输出与目标输出的误差为

$$\varepsilon = \frac{1}{2} \sum_{k=1}^{m} (t_k - z_k)^2 \tag{5.22}$$

下面的步骤就是想办法调整权值，使 ε 减小。由于负梯度方向是函数值减小最快的方向，因此可以设定一个步长 η，每次沿负梯度方向调整 η 个单位，即每次权值的调整为

$$\Delta w_{pq} = -\eta \frac{\partial \varepsilon}{\partial w_{pq}} \tag{5.23}$$

式中，η 在神经网络中称为学习速率。可以证明：按这个方法调整，误差会逐渐减小。因此，BP 神经网络（反向传播）的调整顺序如下：

（1）先调整从隐藏层到输出层的权值。设 v_k 为输出层第 k 个神经元的输入，则

$$v_k = \sum_{j=0}^{h} w_{jk} y_j \tag{5.24}$$

$$\frac{\partial \varepsilon}{\partial w_{jk}} = \frac{\frac{1}{2} \sum_{k=1}^{m} (t_k - z_k)^2}{\partial w_{jk}} = \frac{\frac{1}{2} \sum_{k=1}^{m} (t_k - z_k)^2}{\partial z_k} \frac{\partial z_k}{\partial v_k} \frac{\partial v_k}{\partial w_{jk}} \tag{5.25}$$

$$= -(t_k - z_k) g'(v_k) y_j \overset{\Delta}{=} -\delta_k y_i$$

于是从隐藏层到输出层的权值调整迭代公式为

$$w_{jk}(t+1) = w_{jk}(t) + \eta \delta_k y_j \tag{5.26}$$

（2）从输入层到隐藏层的权值调整迭代公式为

$$\frac{\partial \varepsilon}{\partial w_{ij}} = \frac{\frac{1}{2} \sum_{k=1}^{m} (t_k - z_k)^2}{\partial w_{ij}} = \frac{\frac{1}{2} \sum_{k=1}^{m} (t_k - z_k)^2}{\partial y_j} \frac{\partial y_j}{\partial u_j} \frac{\partial u_j}{\partial w_{ij}} \tag{5.27}$$

其中 u_j 为隐藏层第 j 个神经元的输入：

$$u_j = \sum_{i=0}^{n} w_{ij} x_i \tag{5.28}$$

注意：隐藏层第 j 个神经元与输出层的各个神经元都有连接，即 $\dfrac{\partial \varepsilon}{\partial y_j}$ 涉及所有的权值 w_{ij}，因此

$$\frac{\partial \varepsilon}{\partial y_j} = \sum_{k=0}^{m} \frac{\partial (t_k - z_k)^2}{\partial z_k} \frac{\partial z_k}{\partial u_k} \frac{\partial u_k}{\partial y_j} = -\sum_{k=0}^{m} (t_k - z_k) f'(u_k) w_{jk} \tag{5.29}$$

于是

$$\frac{\partial \varepsilon}{\partial w_{ij}} = \frac{\dfrac{1}{2} \sum_{k=1}^{m} (t_k - z_k)^2}{\partial w_{ij}} = -\sum_{k=0}^{m} \left[(t_k - z_k) f'(u_k) w_{jk} \right] f'(u_j) x_i \overset{\Delta}{=} -\delta_j x_i \tag{5.30}$$

因此，从输入层到隐藏层的权值调整迭代公式为

$$w_{ij}(t+1) = w_{ij}(t) + \eta \delta_j x_i \tag{5.31}$$

5.7　仿真实例

【例 5-1】

随机生成 $y = 2x^2 - 0.5 + \sigma$（$-1 < x < 1$，噪声 σ 符合正态分布）的数据，利用三层 BP 网络梯度下降算法进行预测，隐藏层激活函数采用 ReLU 函数，损失函数采用均方差函数。

其源程序如下：

```
#导入 TensorFlow 和 Numpy
import tensorflow as tf
import numpy as np
#定义层函数，包含输入数据、输入层数、输出层数和激活函数
def add_layer(inputs,in_size,out_size,activation_function=None):
    #生成正态分布的权值变量
    Weights = tf.Variable(tf.random_normal([in_size, out_size]))
    #生成全零的偏置变量
    biases = tf.Variable(tf.zeros([1, out_size]) + 0.1)
    #建立模型
    Wx_plus_b = tf.matmul(inputs, Weights) + biases
```

```python
    #是否采用激活函数
    if activation_function == None:
        outputs = Wx_plus_b
    else:
        outputs = activation_function(Wx_plus_b)
    #返回值
    return outputs


#生成输入 x 的值
x_data=np.linspace(-1,1,300)[:,np.newaxis]
#生成正态分布的误差值
noise=np.random.normal(0,0.05,x_data.shape)
#生成输入 y 的值
y_data=np.square(x_data)*2-0.5+noise
#生成 x、y 占位符
xs=tf.placeholder(tf.float32,[None,1])
ys=tf.placeholder(tf.float32,[None,1])
#定义隐藏层,有 10 个神经元,激活函数为 RelU 函数
l1=add_layer(xs,1,10,activation_function=tf.nn.relu)
#定义输出层,有 1 个神经元,没有激活函数
prediction=add_layer(l1,10,1,activation_function=None)
#生成损失函数,采用均方差函数
loss=tf.reduce_mean(tf.reduce_sum(tf.square(ys-prediction),
    reduction_indices=[1]))
#进行梯度计算以及反向传播
train_step=tf.train.GradientDescentOptimizer(0.1).minimize(loss)
#对变量初始化
init=tf.global_variables_initializer()
#执行图运算
with tf.Session() as sess:
    sess.run(init)
    for i in range(1000):
        sess.run(train_step, feed_dict={xs: x_data, ys: y_data})
        #打印误差值
        if i % 100 == 0:
            print('step : %d, 误差: %g' \
                %(i, sess.run(loss, feed_dict={xs: x_data, ys: y_data})))
```

```
#输出:
step : 0, 误差: 0.541922
step : 100, 误差: 0.0169748
step : 200, 误差: 0.0079507
step : 300, 误差: 0.00559502
step : 400, 误差: 0.00471738
step : 500, 误差: 0.00424074
step : 600, 误差: 0.00399246
step : 700, 误差: 0.00389299
step : 800, 误差: 0.00383652
step : 900, 误差: 0.00380112
```

【例 5-2】

利用三层 BP 神经网络算法进行 MNIST 手写数字分类识别, 隐藏层和输出层激活函数采用 ReLU 函数, 损失函数采用交叉熵函数。

其源程序如下:

```
#导入 TensorFlow
import tensorflow as tf
#读取经典的 MNIST 数据集
#使用 one-hot 独热码, 每个稀疏向量只有标签类值是 1, 其他类是 0
from tensorflow.examples.tutorials.mnist import input_data
mnist = input_data.read_data_sets("MNIST_data/", one_hot=True)
#数字种类
num_classes = 10
#像素大小
input_size = 784
#隐藏层大小
hidden_units_size = 30
#批次
batch_size = 100
#迭代次数
training_iterations = 10000
#输入数据占位符
X = tf.placeholder (tf.float32, shape = [None, input_size])
#数据标签占位符
Y = tf.placeholder (tf.float32, shape = [None, num_classes])
```

```
#定义隐藏层权值变量
W1 = tf.Variable (tf.random_normal ([input_size, hidden_units_size],
    stddev = 0.1))
#定义隐藏层偏置变量
B1 = tf.Variable (tf.constant (0.1), [hidden_units_size])
#定义输出层权值变量
W2 = tf.Variable (tf.random_normal ([hidden_units_size, num_classes],
    stddev = 0.1))
#定义输出层偏置变量
B2 = tf.Variable (tf.constant (0.1), [num_classes])
#隐藏层输出计算
hidden_opt = tf.matmul (X, W1) + B1
hidden_opt = tf.nn.relu (hidden_opt)
#输出层输出计算
final_opt = tf.matmul (hidden_opt, W2) + B2
final_opt = tf.nn.relu (final_opt)
#计算损失函数，利用 reduce_mean() 求均值
loss1 = tf.nn.softmax_cross_entropy_with_logits (labels = Y,
        logits = final_opt)
loss = tf.reduce_mean (loss1)
#进行梯度计算以及反向传播
opt = tf.train.GradientDescentOptimizer (0.05).minimize (loss)
#对全局变量初始化
init = tf.global_variables_initializer ()


#计算预测准确率，将预测值与标签值进行比较
#argmax() 返回张量最大值的索引
#equal() 判断向量是否相等，返回布尔值
#cast(correct_prediction, 'float')) 强制类型转化，将布尔值转化为浮点值
#reduce_mean() 求均值
correct_prediction = tf.equal (tf.argmax (Y, 1), tf.argmax
    (final_opt, 1))
accuracy = tf.reduce_mean (tf.cast (correct_prediction, 'float'))
#执行图计算
sess = tf.Session ()
sess.run (init)
for i in range (training_iterations) :
    #MNIST 批数据
```

```
batch = mnist.train.next_batch (batch_size)
#MNIST 输入批数据
batch_input = batch[0]
#MNIST 标签批数据
batch_labels = batch[1]
#训练数据
training_loss = sess.run ([opt, loss], feed_dict =
    {X: batch_input, Y: batch_labels})
#打印中间准确率
if i % 1000 == 0 :
    #执行一个字符串表达式，并返回表达式的值
    train_accuracy = accuracy.eval (session = sess, \
            feed_dict = {X: batch_input,Y: batch_labels})
    print ("step : %d, training accuracy = %g " %
        (i, train_accuracy))


#使用 test 测试数据和训练模型，计算相关参数
xdat=sess.run(accuracy,feed_dict={X: mnist.test.images,
    Y: mnist.test.labels})
print('测试模型训练结果',xdat)
# 关闭会话
sess.close()


#输出
step : 0, training accuracy = 0.1
step : 1000, training accuracy = 0.83
step : 2000, training accuracy = 0.84
step : 3000, training accuracy = 0.79
step : 4000, training accuracy = 0.84
step : 5000, training accuracy = 0.8
step : 6000, training accuracy = 0.83
step : 7000, training accuracy = 0.82
step : 8000, training accuracy = 0.89
step : 9000, training accuracy = 0.87
测试模型训练结果 0.8615
```

第 **6** 章

神经网络基础应用

神经网络应用研究就是探讨如何利用神经网络解决工程实际问题。人们可以在几乎所有的领域中发现神经网络应用的踪影。当前,神经网络的主要应用领域有:模式识别,故障检测,智能机器人,非线性系统辨识和控制,市场分析,决策优化,智能接口,知识处理,认知科学,等等。

神经网络的显著特点:具有非线性映射能力;不需要精确的数学模型;擅长从输入输出数据中学习有用知识;容易实现并行计算;由大量简单计算单元组成,易于用软硬件实现;等等。正因为神经网络是一种模仿生物神经系统的新的信息处理模型,并具有独特的结构,所以人们才期望它能解决一些使用传统方法难以解决的问题。神经网络最基础的应用包括感知机、线性回归和逻辑回归等[10, 14]。

6.1 感知机

感知机(Perceptron)也称感知器,于 1957 年由美国计算机科学家 Rosenblatt 提出,它是各种神经网络中最简单且最早发展出来的神经网络模型,特别适用于简单的模式分类问题,也可用于基于模式分类的学习控制中。单层感知机是一个具有一层神经元、采用阈值激活函数的前向网络;通过对网络权值的训练,可以使感知机对一组输入矢量的响应达到元素为 0 或 1 的目标输出,从而实现对输入矢量分类的目的。单层感知机的神经元模型如图 6.1 所示。

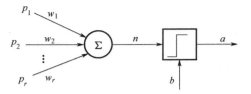

图 6.1　单层感知机的神经元模型

在图 6.1 中，每一个输入分量 p_j $(j = 1, 2, \cdots, r)$ 通过一个权值分量 w_j 进行加权求和，并作为阈值函数的输入。偏差 b 的加入使得网络多了一个可调参数，为使网络输出达到期望的目标矢量提供了方便。感知机实际上是在 M-P 模型的基础上加上学习功能，使其权值可以调节的产物；它特别适于解决简单的模式分类问题。

6.1.1　感知机网络结构

感知机的网络由单层的 s 个神经元通过一组权值 $\{\omega_{ij}\}$ $(i = 1, 2, \cdots, s;$ $j = 1, 2, \cdots, r)$ 与 r 个输入相连组成。对于具有输入矢量 $\boldsymbol{P}_{r \times q}$ 和目标矢量 $\boldsymbol{T}_{s \times q}$ 的感知机，其简化结构如图 6.2 所示。

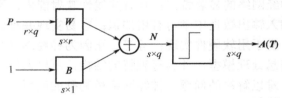

图 6.2　感知机简化结构

根据网络结构，可以写出第 i 个输出神经元（$i = 1, 2, \cdots, s$）的加权输入和 n_i 及其输出 a_i：

$$n_i = \sum_{j=1}^{r} w_{ij} p_j \tag{6.1}$$

$$a_i = f(n_i + b_i) \tag{6.2}$$

感知机的输出值是通过测试加权输入和其值落在阈值函数的左右来进行分类的，即有：

$$a_i = \begin{cases} 1, & n_i + b_i \geqslant 0 \\ 0, & n_i + b_i < 0 \end{cases} \tag{6.3}$$

阈值激活函数如图 6.3 所示。可知：当输入 $n_i + b_i$ 大于等于 0，即 $n_i \geqslant -b_i$

时，感知机的输出 a_i 为 1；否则，输出 a_i 为 0。偏差 b_i 的使用，使其函数可以左右移动，从而增加了一个自由调整变量和实现网络特性的可能性。

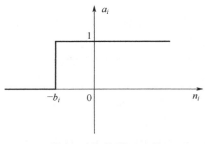

图 6.3　阈值激活函数

6.1.2　感知机学习规则

学习规则是用来计算新的权值矩阵 $\boldsymbol{W}$ 及新的偏差矩阵 $\boldsymbol{B}$ 的算法。感知机利用其学习规则来调整网络的权值，以便使该网络对输入矢量的响应达到数值为 0 或 1 的目标输出。

对于输入矢量为 $\boldsymbol{P}$、输出矢量为 $\boldsymbol{A}$、目标矢量为 $\boldsymbol{T}$ 的感知机网络，感知机的学习规则是根据以下输出矢量可能出现的几种情况来进行参数调整的：

（1）如果第 i 个神经元的输出是正确的，即有 $a_i = t_i$，那么与第 i 个神经元连接的权值 w_{ij} 和偏差值 b_i 保持不变。

（2）如果第 i 个神经元的输出是 0，但期望输出为 1，即有 $a_i = 0$，而 $t_i = 1$，此时权值修正算法为：新的权值 w_{ij} 为旧的权值 w_{ij} 加上学习率 lr 乘以输入 p_j。类似地，新的偏差 b_i 为旧偏差 b_i 加上学习率 lr 乘以它的输入 1。

（3）如果第 i 个神经元的输出为 1，但期望输出为 0，即有 $a_i = 1$，而 $t_i = 0$，此时权值修正算法为：新的权值 w_{ij} 等于旧的权值 w_{ij} 减去学习率 lr 乘以输入 p_j。类似地，新的偏差 b_i 为旧偏差 b_i 减去学习率 lr 乘以它的输入 1。

由上面分析可以看出，感知机学习规则的实质为：权值的变化量等于正负输入矢量。具体算法总结如下：对于所有的 i 和 j（$i = 1, 2, \cdots, s; j = 1, 2, \cdots, r$），感知机修正权值公式为

$$\Delta w_{ij} = (t_i - y_i) \times lr \times p_i$$
$$\Delta b_i = (t_i - y_i) \times lr \times 1 \tag{6.4}$$

6.1.3　感知机网络训练

要使前向神经网络模型实现某种功能，必须对它进行训练，让它逐步学会要做的事情，并把所学到的知识记忆在网络的权值中。人工神经网络权值的确定，不是通过计算，而是通过网络的自身训练来完成的。这也是人工神经网络在解决问题的方式上与其他方法的最大不同点。借助于计算机，几百次甚至上千次的网络权值的训练与调整过程能够在很短的时间内完成。

感知机的训练过程如下：

在输入矢量 P 的作用下，计算网络的实际输出 A，并与相应的目标矢量 T 进行比较，检查 A 是否等于 T，然后用比较后的误差量，根据学习规则进行权值和偏差的调整；重新计算网络在新权值作用下的输入，重复权值调整过程，直到网络的输出 A 等于目标矢量 T 或训练次数达到事先设置的最大值时训练结束。

感知机设计训练的步骤可总结如下：

（1）对于所要解决的问题，确定输入矢量 P 和目标矢量 T，并由此确定各矢量的维数以及决定网络结构和大小的神经元数目：r、s 和 q。

（2）参数初始化：赋给权值矢量 W 在（−1，1）内的随机非 0 初值，给出最大循环次数 max_epcho。

（3）网络表达式计算：根据输入矢量 P 以及最新权值矢量 W，计算网络输出矢量 A；

（4）检查：检查输出矢量 A 与目标矢量 T 是否相同。如果相同，或已达最大循环次数，则训练结束；否则，转入步骤（5）。

（5）学习：根据式（6.4）的感知机学习规则调整权值矢量，并返回步骤（3）。

6.1.4　仿真实例

【例 6-1】

输入矢量为 P = [[−0.5, −0.5], [−0.5, 0.5], [0.3, −0.5], [0, 1]]，目标矢量 T = [1.0, 1.0, 0, 0]，利用感知机进行分类。

其源程序如下：

```
#导入 Random、Numpy 和 Matplotlib
import random
```

```python
import numpy as np
import matplotlib.pyplot as plt
#最大迭代次数
max_epcho=1000


#定义感知机类
class My_Per:
    def __init__(self, lr=0.1):
        #学习率为lr
        self.lr = lr
        #产生随机偏置b
        self.b = random.random()
        #产生随机权值矢量w, 范围是(-1,1)
        self.w = np.random.random(2)*(1-(-1))+(-1)


    #定义训练函数
    def train(self, Px, t):
        #修正矢量
        update = self.lr * (t - self.predict(Px))
        #更新b
        self.b += update
        #更新w
        self.w[0] += update*Px[0]
        self.w[1] += update*Px[1]


    #定义预测函数
    def predict(self, Px):
        number = self.w[0]*Px[0] + self.w[1]*Px[1] + self.b
        #大于等于0时, 返回1; 其他返回0
        return np.where(number >=0, 1, 0)


#定义主函数
def main():
    #输入矢量
    P = [[-0.5, -0.5], [-0.5, 0.5], [0.3, -0.5], [0, 1]]
```

```python
#目标矢量
T = [1.0, 1.0, 0, 0]
my_per = My_Per(0.1)
#画图
plt.figure()
plt.plot([-0.5, -0.5], [-0.5, 0.5], 'bo')
plt.plot([0.3, 0], [-0.5, 1], 'r.')
#迭代
for i in range(max_epcho):
    for i in range(4):
        Px = P[i]
        t = T[i]
        my_per.train(Px, t)
x = np.arange(-1, 1)
y = -my_per.w[0]/my_per.w[1]*x-my_per.b/my_per.w[1]
plt.plot(x, y)
plt.show()
print('b=',my_per.b)
print('w[0]=',my_per.w[0])
print('w[1]=',my_per.w[1])
```

```
#执行运算。if __name__ == "__main__"是编写私有化部分,
#确保只有单独运行此程序时, 才会执行 main() 函数。
if __name__ == "__main__":
    main()
```

```
#输出:
b= -0.039703642709403436
w[0]= -0.2411436883417329
w[1]= -0.09302347070176485
```

感知机输出图片如图 6.4 所示。

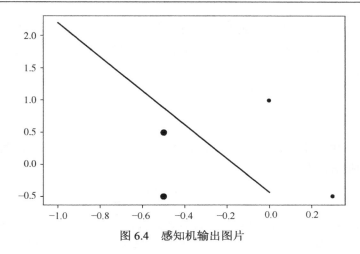

图 6.4　感知机输出图片

6.2　线性回归

6.2.1　线性回归理论

线性模型

线性模型是机器学习中的一类算法的总称，其定义为：通过给定的样本数据集 D，线性模型希望学习到这样一个模型，使得对于任意的输入特征向量 $x = (x_1, x_2, \cdots, x_n)^T$，模型的预测输出 $f(x)$ 能够表示为输入特征向量 x 的线性函数[2]，即

$$f(x) = w_1 x_1 + w_2 x_2 + \cdots + w_n x_n + b = w^T x + b \qquad （6.5）$$

其中 $w = (w_1, w_2, \cdots, w_n)^T$ 和 b 称为线性模型的参数。线性模型是机器学习中最简单、最基础的模型，常被用于分类、回归等任务中。

线性回归

线性回归假设特征和结果满足线性关系，是一种非常简单的建模方法。在模型中，因变量是连续型的；自变量可以是连续型的，也可以是离散型的。线性回归是回归学习中的一种策略，希望通过训练集 D 的学习，使得输入 x 和预测输出 $f(x)$ 具有式（6.5）的线性关系。线性回归是利用称为线性回归方程的最小平方函数对一个或多个自变量和因变量之间的关系进行建模的一种回归分析。只有一个自变量的情况称为一元回归，大于一个自变量的情况叫作多元回归。

损失函数

由于平方误差损失函数处处可导，通常使用均方差函数作为线性回归模型的损失函数：

$$L(w,b) = \frac{1}{2} \sum [f(x) - y]^2 \qquad (6.6)$$

式中，$f(x)$ 表示预测值，y 表示真实值。对于平方误差损失函数，线性回归的求解就是希望求得平方误差的最小值。这可以通过 TensorFlow 的梯度下降算法来解决。只要把损失函数做到最小，此时得出的参数就是最需要的参数。

欠拟合和过拟合

如前所述，欠拟合是指模型拟合程度不高，数据距离拟合曲线较远；或者指模型没有很好地捕捉到数据特征，不能很好地拟合数据。对于训练好的模型，若在训练集中表现很差，它在测试集中同样会表现很差，使模型泛化性能很差。

过拟合是指模型过度地学习训练数据中的细节和噪声，以至于模型在新的数据上表现很差。这意味着训练数据中的噪声或者随机波动也被当作概念被模型学习了，这些概念不适用于新的数据，从而导致模型泛化性能的变差。

图 6.5 所示为欠拟合、正常拟合和过拟合示意图。

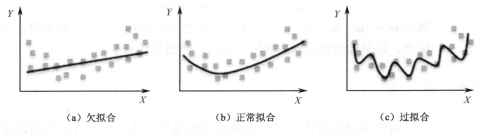

(a) 欠拟合　　　　　　　(b) 正常拟合　　　　　　　(c) 过拟合

图 6.5　欠拟合、正常拟合及过拟合示意图

正则化

正则化的思想是在损失函数中加入模型复杂程度的指标。假设用于刻画模型在训练数据上表现的损失函数是 $L(\theta)$，那么在优化时不是直接优化 $L(\theta)$，而是优化 $L(\theta)+\lambda R(w)$。其中 $R(w)$ 表示模型的复杂程度，λ 表示一个比例系数。这里的 θ 表示的是神经网络的所有参数，包括权重 w 和偏置 b。一般来说，模型复杂度只由权重 w 决定。常用的模型复杂程度的指标有 L_1 正则化和 L_2 正则化两种，分别为：

$$R(w) = \| w \|_1 = \sum_i | w_i | \tag{6.7}$$

$$R(w) = \| w \|_2^2 = \sum_i | w_i^2 | \tag{6.8}$$

其基本思想是通过限制权重的大小，使得模型不能任意拟合训练数据中的随机噪声。

算法流程

线性回归需要一个线性模型，属于监督学习，因此其方法和监督学习是一样的：先给定一个训练集，根据这个训练集学习出一个线性函数；然后测试这个函数是否足够拟合训练集数据，挑选出最好的线性函数。

具体算法流程如下：

（1）对于所要解决的问题，确定输入数据 x、目标值 y 以及预测值的线性模型 $f(x)$；

（2）参数初始化：赋给线性模型的权值 w 和偏置 b 的初值，给出最大循环次数或迭代终止阈值；

（3）计算目标值 y 与预测值 $f(x)$ 的均方差作为损失函数；

（4）通过梯度下降算法更新权值 w 和偏置 b；

（5）迭代至最大循环次数或达到迭代终止阈值，得到优化模型。

6.2.2　仿真实例

【例 6-2】

一元线性回归。随机生成 $y = 2x + 1$ 的数据，利用线性回归算法进行拟合，采用均方差函数作为损失函数。

其源程序如下：

```python
#导入 TensorFlow、Numpy 和 Matplotlib
import tensorflow as tf
import numpy as np
import matplotlib.pyplot as plt
#算法迭代终止阈值
threshold = 1.0e-2
#产生符合正态分布的 x_data
x_data = np.random.randn(100).astype(np.float32)
#产生与 x_data 线性关系的 y_data
y_data = x_data * 2 + 1
#定义权值变量和偏置变量
weight = tf.Variable(1.)
bias = tf.Variable(1.)
#定义 x_ 和 y_ 占位符
x_ = tf.placeholder(tf.float32)
y_ = tf.placeholder(tf.float32)
#计算线性模型 y_model 预测值
y_model = tf.add(tf.multiply(x_, weight), bias)
#计算均方差损失函数
loss = tf.reduce_mean(tf.pow((y_model - y_),2))
#利用梯度下降算法训练
train_op = tf.train.GradientDescentOptimizer(0.01).minimize(loss)

#执行图计算
sess = tf.Session()
#变量初始化
init = tf.global_variables_initializer()
sess.run(init)
flag = 1
while(flag):
    for (x,y) in zip(x_data,y_data):
        sess.run(train_op,feed_dict={x_:x,y_:y})
        print(weight.eval(sess), bias.eval(sess))
    if sess.run(loss,feed_dict={x_:x_data,y_:y_data}) <= threshold:
        flag = 0
```

```
#画图
plt.plot(x_data, y_data, 'ro', label='Original data')
plt.plot(x_data, sess.run(weight)*(x_data) + sess.run(bias), label=
    'Fitted line')
plt.legend()
plt.show()
# 关闭会话
sess.close()
```

输出的一元线性回归图片如图 6.6 所示。

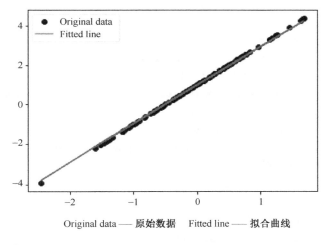

Original data —— 原始数据　　Fitted line —— 拟合曲线

图 6.6　一元线性回归图片

【例 6-3】

多元线性回归。随机生成 $y = 2x_1 + 2x_2 + 3$ 的数据，利用线性回归算法进行拟合，采用均方差函数作为损失函数。

其源程序如下：

```
#导入 TensorFlow、Numpy、Matplotlib 和 Axes3D
import tensorflow as tf
import numpy as np
import matplotlib.pyplot as plt
from mpl_toolkits.mplot3d import Axes3D
#算法迭代终止阈值
```

```
threshold = 1.0e-2
#产生符合正态分布的 x1_data 和 x2_data
x1_data = np.random.randn(100).astype(np.float32)
x2_data = np.random.randn(100).astype(np.float32)
#产生与 x1_data、x2_data 线性关系的 y_data
y_data = x1_data * 2 + x2_data * 2 + 2
#定义权值变量和偏置变量
weight1 = tf.Variable(1.)
weight2 = tf.Variable(1.)
bias = tf.Variable(1.)
#定义 x1_、x2_和 y_占位符
x1_ = tf.placeholder(tf.float32)
x2_ = tf.placeholder(tf.float32)
y_ = tf.placeholder(tf.float32)
#计算线性模型 y_model 预测值
y_model = tf.add(tf.add(tf.multiply(x1_, weight1), tf.multiply(x2_,
    weight2)),bias)
#计算均方差损失函数
loss = tf.reduce_mean(tf.pow((y_model - y_),2))
#利用梯度下降算法训练
train_op = tf.train.GradientDescentOptimizer(0.01).minimize(loss)

#执行图计算
sess = tf.Session()
#变量初始化
init = tf.global_variables_initializer()
sess.run(init)
flag = 1
while(flag):
    for (x,y) in zip(zip(x1_data, x2_data),y_data):
        sess.run(train_op, feed_dict={x1_:x[0],x2_:x[1], y_:y})
    if sess.run(loss,feed_dict={x1_:x[0],x2_:x[1], y_:y})<= threshold:
        flag = 0
#画图
fig = plt.figure()
ax = Axes3D(fig)
X, Y = np.meshgrid(x1_data, x2_data)
Z = sess.run(weight1) * (X) + sess.run(weight2) * (Y) + sess.run(bias)
```

```
ax.plot_surface(X, Y, Z, rstride=1, cstride=1, cmap=plt.cm.hot)
# 关闭会话
sess.close()
```

输出的二元线性回归图片如图 6.7 所示。

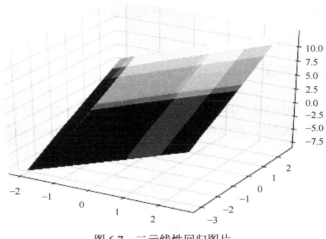

图 6.7　二元线性回归图片

6.3　逻辑回归

6.3.1　逻辑回归理论

　　一般来说，回归不用在分类问题上，因为回归是连续型模型。如果需要应用于分类问题，可以使用逻辑回归。逻辑回归虽然其名字中有"回归"，却是一种分类学习方法，它将数据拟合到一个 sigmoid 函数（或称为 logistic 函数）中，从而能够完成对事件发生概率的预测[10]。

　　逻辑回归用来找到事件成功或失败的概率，它本质上是线性回归，只是在从特征到结果的映射中加入了一层函数映射，即先把特征线性求和，然后使用 sigmoid 函数作为假设函数来预测。sigmoid 函数可以将连续值映射到 0 和 1 上。

逻辑回归出现的背景

线性回归可以对连续值的结果进行预测，而现实生活中常见的另一类问题是分类问题。最简单的情况是：是与否的二分类问题。比如，判断邮件为正常邮件或垃圾邮件，判断一个零件为良品或次品，预测一只股票为优股或劣股，等等。

逻辑回归基本知识点

逻辑回归是一种分类方法，主要用于二分类问题（即输出只有两种，分别代表两个类别），所以可利用 sigmoid 函数。sigmoid 函数的定义参见式（5.9），即

$$f(x) = \frac{1}{1 + e^{-x}} \qquad (0 < f(x) < 1)$$

对于多分类问题，可以使用 softmax 函数。softmax 可以理解为 sigmoid 类激活函数的扩展，其定义参见式（5.11），即：假设有一个数组 V，V_i 表示 V 中的第 i 个元素，那么这个元素的 softmax 值就是

$$S_i = \frac{e^{V_i}}{\sum_j e^{V_j}}$$

逻辑回归与线性回归的区别和联系：

（1）线性回归：输出一个标量 $wx + b$，这个值是连续值，所以可以用来处理回归问题。

（2）逻辑回归：把上面的 $wx + b$ 通过 sigmoid 函数映射到（0，1）上，并设定一个阈值，大于该阈值的分为一类，小于等于该阈值的分为另一类，如此可以用来处理二分类问题。

（3）对于 N 分类问题，则是先得到 N 组 w 值不同的 $wx+b$，然后归一化（比如用 softmax 函数），最后变成 N 个类上的概率，以此处理多分类问题。

算法流程

逻辑回归与线性回归的算法流程类似，只是在从特征到结果的映射中加入了一层函数映射：sigmoid 函数或 softmax 函数。

具体算法流程如下：

（1）对于所要解决的问题，确定输入数据 x、目标值 y 以及预测值的线性模型 $f(x)$；

（2）参数初始化：赋给线性模型的权值 w 和偏置 b 的初值，给出最大循环次数或迭代终止阈值；

（3）将预测线性模型值 $f(x)$ 通过 sigmoid 函数或 softmax 函数转化为 sigmoid($f(x)$) 或 softmax($f(x)$)；

（4）计算目标值 y 与预测值 sigmoid($f(x)$)或 softmax($f(x)$)的均方差，作为损失函数；

（5）通过梯度下降算法更新权值 w 和偏置 b；

（6）迭代至最大循环次数或达到迭代终止阈值，得到优化模型。

6.3.2　仿真实例

【例 6-4】

对于随机生成的数据，利用逻辑回归算法进行分类，采用交叉熵函数作为损失函数。其源程序如下：

```
#导入 TensorFlow 和 Numpy
import tensorflow as tf
import numpy as np
#数据个数
num_point = 100
#生成实验数据
vectors_set = []
for i in range(num_point):
    x1 = np.random.normal(0.0,1)
    y1 = 1 if x1*0.3+0.1 +np.random.normal(0.0,0.03)>0 else 0
    vectors_set.append([x1,y1])
x_data = [v[0] for v in vectors_set]
y_data = [v[1] for v in vectors_set]

#生成权值变量和偏置变量
W = tf.Variable(tf.random_uniform([1],-1.0,1.0))
b = tf.Variable(tf.zeros([1]))
```

```
##计算预测值
y = tf.sigmoid(w*x_data+b)

one = tf.ones(y.get_shape(),dtype = tf.float32)
#交叉熵损失函数
loss = -tf.reduce_mean(y_data*tf.log(y)+(one-y_data)*tf.log(one-y))
#梯度下降学习算法
train = tf.train.GradientDescentOptimizer(0.5).minimize(loss)
#图计算
with tf.Session() as sess:
    #变量初始化
    sess.run(tf.global_variables_initializer())
    #取 0.5 为判断阈值
    th = tf.ones_like(one,dtype = tf.float32)*0.5
    #评估
    #计算预测准确率，将预测值与标签值进行比较
    #equal()判断向量是否相等，返回布尔值
    #cast()强制类型转化，将布尔值转化为 int32
    #reduce_mean()求均值
    correct_prediction = tf.equal(tf.cast(y_data,tf.int32),
                        tf.cast(tf.greater(y,th),tf.int32))
    accuracy = tf.reduce_mean(tf.cast(correct_prediction,tf.float32))
    for i in range(200):
        sess.run(train)
        if i%20==0:
            print ("accuracy",sess.run(accuracy))
            print ("loss",sess.run(loss))


#输出：
accuracy 0.93
loss 0.49290708
accuracy 0.97
loss 0.2564981
accuracy 0.98
loss 0.20088653
accuracy 0.99
loss 0.17367378
accuracy 0.99
```

```
loss 0.15672562
accuracy 0.99
loss 0.1448205
accuracy 0.99
loss 0.13583389
accuracy 0.99
loss 0.12871847
accuracy 0.99
loss 0.122889966
accuracy 0.99
loss 0.11799309
```

【例 6-5】

利用 softmax 逻辑回归识别 MNIST 手写数字，采用交叉熵函数作为损失函数，采用梯度下降算法更新权值。

其源程序如下：

```
#导入 TensorFlow
import tensorflow as tf
#读取经典的 MNIST 数据集
#使用 one-hot 独热码，每个稀疏向量只有标签类的值是 1，其他类的值是 0
from tensorflow.examples.tutorials.mnist import input_data
mnist = input_data.read_data_sets("MNIST_data/", one_hot=True)

#每幅图片像素的大小
n_input = 784
#数字种类
n_output = 10
#输入数据占位符
net_input = tf.placeholder(tf.float32, [None, n_input])
#数据标签占位符
y_true = tf.placeholder(tf.float32, [None, 10])
#定义权值变量和偏置变量
W = tf.Variable(tf.zeros([n_input, n_output]))
b = tf.Variable(tf.zeros([n_output]))
#使用最简单的线性回归模型：Y = W * X + B
net_output = tf.nn.softmax(tf.matmul(net_input, W) + b)
```

```
#交叉熵损失函数,用 reduce_sum()求和
cross_entropy = -tf.reduce_sum(y_true * tf.log(net_output))
#使用梯度下降优化函数
optimizer = tf.train.GradientDescentOptimizer(0.01).minimize(cross_entropy)

#计算预测准确率，将预测值与标签值进行比较
#argmax()返回张量最大值的索引
#equal()判断向量是否相等，返回布尔值
#cast(correct_prediction, 'float'))强制类型转化，将布尔值转化为浮点值
#reduce_mean()求均值
correct_prediction = tf.equal(tf.argmax(net_output, 1),
                              tf.argmax(y_true, 1))
accuracy = tf.reduce_mean(tf.cast(correct_prediction, "float"))

#图计算
sess = tf.Session()
#变量初始化
sess.run(tf.global_variables_initializer())

#开始训练，迭代次数 n_epochs=10，每次训练批量 batch_size = 100
batch_size = 100
n_epochs = 10
for epoch_i in range(n_epochs):
    for batch_i in range(mnist.train.num_examples // batch_size):
      batch_xs, batch_ys = mnist.train.next_batch(batch_size)
      sess.run(optimizer, feed_dict={net_input: batch_xs,y_true:
            batch_ys})

    #计算每次迭代的相关参数
    xdat=sess.run(accuracy,feed_dict=
        {net_input:mnist.validation.images,\
         y_true: mnist.validation.labels})
    print(epoch_i,'#',xdat)

#使用 test 测试数据和训练好模型，计算相关参数
xdat=sess.run(accuracy,feed_dict={net_input: mnist.test.images,\
                          y_true: mnist.test.labels})
print('测试模型训练结果',xdat)
```

```
# 关闭会话
sess.close()

#输出
0 # 0.9088
1 # 0.911
2 # 0.9156
3 # 0.9084
4 # 0.919
5 # 0.9218
6 # 0.9228
7 # 0.9156
8 # 0.9246
9 # 0.915
```
测试模型训练结果 0.918

第 **7** 章

卷积神经网络

7.1 概述

1962 年，Hubel 和 Wiesel 在研究猫脑皮层中用于局部敏感和方向选择的神经元时，发现其独特的局部互连网络结构可以有效地降低反馈神经网络的复杂性，继而提出了卷积神经网络（Convolutional Neural Network，CNN）。1980年，为解决模式识别问题，Fukushima 基于神经元间的局部连通性和图像的层次组织转换而提出的新识别机，是卷积神经网络的第一个实现网络。

随着 1986 年 BP 算法以及权值共享和池化的提出，LeCun 和其合作者遵循这一想法，使用误差梯度来设计和训练卷积神经网络，在一些模式识别任务中获得了先进的性能。1998 年，他们建立了一个多层人工神经网络——LeNet-5，用于手写数字分类，这是第一个正式的卷积神经网络模型。类似于一般的神经网络，LeNet-5 有 7 层，包括 2 个卷积层、2 个池化层和 3 个全连接层，利用 BP算法来训练参数。它可以获得原始图像的有效表示，使得直接从原始像素中识别视觉模式成为可能。然而，由于当时大型训练数据和计算能力的缺乏，使得LeNet-5 在面对更复杂的问题（如大规模图像和视频分类）时，不能表现出良好的性能。

在接下来近 10 年的时间里，卷积神经网络的相关研究趋于停滞，其主要原因有：一是多层神经网络在进行 BP 训练时的计算量极大，当时的硬件计算能力完全不可能实现；二是包括支持向量机（SVM）在内的浅层机器学习算法开始崭露头角。

　　直到 2006 年，Hinton 等人在《科学》杂志上发表了关于深度学习的文章，使得卷积神经网络（CNN）再度被唤醒，并取得长足发展。随后，更多的科研工作者对该网络进行了改进。其中，2012 年 Alex 等人提出的一个经典的 CNN 架构，在性能方面表现出了显著的改善。其方法的整体架构（即 AlexNet）与 LeNet-5 相似，但具有更深的结构。它在卷积层使用 ReLU 函数作为非线性激活函数，在全连接层使用 Dropout 机制来减少过拟合。该深度网络在 ImageNet 大赛上夺冠，进一步掀起了 CNN 学习热潮。

　　2014 年谷歌团队的 GooleNet 把网络层做到了 22 层，问鼎了当时的 ImageNet 冠军；其主要创新在于它的核心结构——Inception，这是一种网中网的结构，即原来的节点也是一个网络。2015 年微软研究院团队设计的基于深度学习的图像识别算法——ResNet，把网络层做到了 152 层，其主要创新在于残差网络，解决了网络层比较深时无法训练的问题。2016 年商汤科技公司更是令人惊叹地把网络层做到了 1 207 层，这可能是目前在 ImageNet 上网络层最深的深度学习网络。现在，CNN 已经成为众多科学领域的研究热点之一，特别是在模式分类领域，由于该网络避免了前期对图像的复杂预处理，可以直接输入原始图像，因而得到了更为广泛的应用。

　　卷积神经网络（CNN）与普通神经网络的区别在于：CNN 包含了一个由卷积层（Convolution Layer）和池化层（Pooling Layer，也称子采样层、降采样层）构成的特征抽取器。在普通神经网络中，一个神经元一般与全部邻层神经元连接，称之为全连接神经网络。而在 CNN 的卷积层中，一个神经元只与部分邻层神经元连接。在 CNN 的一个卷积层中，通常包含若干个特征图（Feature Map），每个特征图由一些矩形排列的神经元组成，同一特征图的神经元共享权值，这里共享的权值就是卷积核（Convolutional Kernel，也称滤波器、内核）。卷积核一般以随机小数矩阵的形式初始化，在网络的训练过程中它将进行学习并得到合理的权值。共享权值（卷积核）所带来的直接好处，是减少了网络各层之间的连接，同时又降低了过拟合的风险。池化可以看作一种特殊的卷积过程。卷积和池化大大简化了模型复杂度，减少了模型的参数。

　　CNN 主要用来识别位移、缩放及其他形式扭曲不变性的二维图形。由于 CNN 的特征检测层通过训练数据进行学习，所以在使用 CNN 时，避免了显式的特征抽取，而隐式地从训练数据中进行学习；再者，由于同一特征图上的神经元权值相同，所以网络可以并行学习，这也是卷积网络相对于全连接网络的一大优势。CNN 以其局部权值共享的特殊结构在语音识别和图像处理方面有着独特的优越性，其布局更接近于实际的生物神经网络；权值共享降低了网络的复杂性，特别是多维输入向量的图像可以直接输入网络这一特点，避免了特征提取和分类过程中复杂的数据重建。

7.2 卷积神经网络结构

卷积神经网络（CNN）通常采用若干个卷积层和池化层的叠加结构作为特征抽取器。卷积层与池化层不断将特征图缩小，但是特征图的数量往往增多。特征抽取器后面接一个分类器，该分类器通常由一个多层全连接神经网络构成。在特征抽取器的末尾，将所有的特征图展开，并排列成为一个向量，称之为特征向量；该特征向量作为后层分类器的输入。CNN 结构示例如图 7.1 所示。

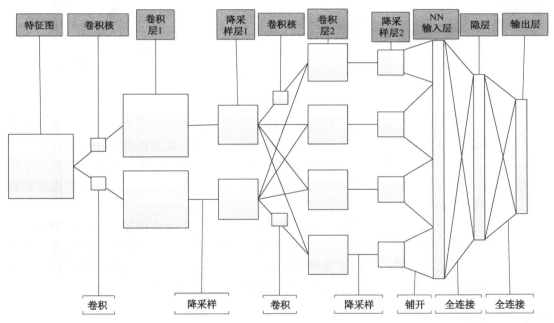

图 7.1 CNN 结构示例

目前有许多 CNN 架构的变体，但它们的基本结构非常相似。CNN 的基本体系结构通常由三种层构成，分别是卷积层、池化层（子采样层）和全连接层（Full-connection Layer）[13]，如图 7.2 所示。为了防止过拟合问题，有的网络架构还增加了 Dropout 层。

卷积层旨在学习输入的特征表示。由图 7.2 可见，卷积层由几个特征图组成。一个特征图的每个神经元与它前一层的邻近神经元相连，这样的一个邻近区域叫作该神经元在前一层的局部感知野。为了计算一个新的特征图，输入特征图首先与一个学习好的卷积核进行卷积运算，然后将结果传递给一个非线性激活函数。通过应用不同的卷积核得到新的特征图。需要注意，生成一个特征图的卷积核是相同的，即权值共享。这样的一个权值共享模式可以减少模型的复杂度，使网络更易训练等。激活函数用来描述 CNN 的非线性度，对多层网络检测非线性特征十分理想。典型的激活函数有 sigmoid 函数、tanh 函数和 ReLU 函数等。

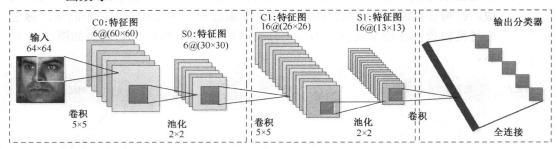

图 7.2　CNN 的基本体系结构

池化层（子采样层）旨在通过降低特征图的分辨率来实现空间不变性和减少训练参数。它通常位于两个卷积层之间。每个池化层的特征图和它相应的前一卷积层的特征图相连，因此它们的特征图数量相同。典型的池化操作（子采样）是均值池化和最大值池化。通过叠加几个卷积层和池化层，可以提取更抽象的特征表示。

几个卷积层和池化层之后，通常有一个或多个全连接层，以给出最后的分类结果。全连接层将前一层所有的神经元与当前层的每个神经元相连接，其中不保存空间信息。在经过卷积和池化操作后，可以认为图像中的信息已经被抽象成了更高的特征，然后仍需要全连接层来完成分类任务。

7.2.1　卷积层

局部感知

卷积神经网络有两种方式可以降低参数数目，其中第一种方式叫作局部感知（Local Reception，也称稀疏连接）。在处理图像这样的高维度输入时，让每个神经元都与前一层中的所有神经元进行全连接是不现实的。相反，每个神经元只与输入数据的一个局部区域连接。该连接的空间大小叫作神经元的感知野

(Receptive Field)。一般认为，人对外界的认知是从局部到全局的，而图像的空间联系也是局部的像素联系较为紧密，而距离较远的像素相关性则较弱。因此，每个神经元其实没有必要对全局图像进行感知，而只需对局部图像进行感知，然后在更高层将局部的信息综合起来就得到了全局的信息。

假设有 1 幅 1 000×1 000 像素的图像和 1 000 个隐藏层神经元，如果全连接（每个隐藏层神经元都连接图像的每一个像素点），就有 1 000×1 000×1 000 =10^9 个连接，也就是 10^9 个权值参数。然而，图像的空间联系是局部的，就像人是通过一个局部的感知野去感受外界图像一样，每个神经元都不需要对全局图像进行感受，而只感受局部的图像区域，然后在更高层将这些感受不同局部的神经元综合起来就可以得到全局的信息。这样，就可以减少连接的数目，也就是减少神经网络需要训练的权值参数个数。由此，假如每个隐藏层神经元只和它前一层邻近的 10×10 个像素值相连，那么权值数据为 1 000×100 =10^5 个参数，减少为原来的万分之一；而那 10×10 个像素值对应的 10×10 个参数，其实就相当于卷积操作。

权值共享

其实，上述的参数仍然很多，那么可以启动第二种方式，即权值共享。在上面的局部连接中，每个神经元都对应 100 个参数，一共 1 000 个神经元。如果这 1 000 个神经元的 100 个参数都是相等的，那么参数数目就变为 100 了，减少到了全连接参数的千万分之一。

这 100 个参数（也就是卷积操作）可以看成提取特征的方式，该方式与位置无关。其中隐含的原理是：图像的一部分的统计特性与其他部分是一样的。这也意味着在一部分学习的特征也能用在另一部分上，所以对于这个图像上的所有位置，都能使用同样的学习特征。

更直观一些，当从一个大尺寸图像中随机选取一小块，比如说 5×5 作为样本，并且从这个小块样本中学习到了一些特征，这时可以把从这个 5×5 样本中学习到的特征作为探测器，应用到这个图像的任意地方中去。特别是，可以用从 5×5 样本中所学习到的特征跟原本的大尺寸图像进行卷积运算，从而对这个大尺寸图像上的任一位置获得一个不同特征的激活值。

卷积过程

卷积过程有三个二维矩阵参与，即两个特征图和一个卷积核：原图 **X**、输

出图 Y 和卷积核 W。卷积过程可以理解为卷积核 W 覆盖在原图 X 的一个局部的面上，W 对应位置的权重乘以 X 对应神经元的输出，对各项乘积求和并赋值到矩阵 Y 的对应位置。卷积核在 X 中从左向右、从上至下每次移动一个位置，完成对整张原图 X 的卷积过程。卷积过程如图 7.3 所示。

卷积层的 3 个重要概念

卷积核深度

若只有上面所述 100 个参数，则表明只有 1 个 10×10 的卷积核。显然，其特征提取是不充分的，为此可以增加卷积核深度，即添加多个卷积核。比如增加到 32 个卷积核，则可以学习 32 种特征。此时的参数个数为 100×32=3 200 个。在有多个卷积核时，每个卷积核都会将图像生成为另一幅图像。比如，2 个卷积核就可以将生成 2 幅图像，这 2 幅图像可以看作 1 张图像的不同的通道。

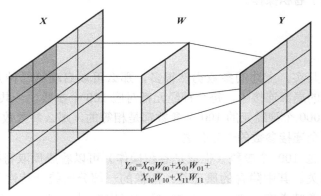

$$Y_{00}=X_{00}W_{00}+X_{01}W_{01}+X_{10}W_{10}+X_{11}W_{11}$$

图 7.3 卷积过程

步长

步长指的是在输入数据矩阵上卷积核每次移动像素的个数。在滑动卷积核时，必须指定步长。当步长为 1 时，卷积核每次移动 1 个像素；当步长为 2 时，卷积核滑动时每次移动 2 个像素。步长也可以是其他更大的数字，但这在实际中很少使用，该操作会让输出数据体在空间上变小。当长和宽步长都为 2 时，卷积核每隔 2 步计算一次结果，得到的结果是矩阵的长和宽都只有原来的一半。

补零

有时卷积核的大小不一定刚好被输入矩阵的维度大小整除，就会出现卷积核不能完全覆盖边界元素的情况，这部分边界元素将无法参与卷积运算。此时有两种处理方法：一种是有效填充（Valid Padding），直接忽略无法参与卷积运算的边界单元，这种方式将使卷积后的数据尺寸变小；另一种处理方法是等大填充（Same Padding），将输入数据体边缘用 0 进行填充，因为填充 0 有一个良好性质，即可以控制输出数据体的空间尺寸，使得输入和输出的宽和高都相等。

程序实现

TensorFlow 中提供了各种卷积运算，其中应用最多的是 **tf.nn.conv2d()** 函数，这是搭建卷积神经网络的一个核心函数，在给定的四维输入与卷积核的情况下计算二维卷积。其函数原型如下：

```
tf.nn.conv2d(
    input,
    filter,
    strides,
    padding,
    use_cudnn_on_gpu=None,
    data_format=None,
    name=None)
```

其中各参数的功能如下：

➢ 第一个参数 input：指需要做卷积的输入图像，它要求是一个张量（Tensor），具有 [batch, in_height, in_width, in_channels] 这样的形状（Shape），其具体含义是"训练一批（batch）图片，图片高度，图片宽度，图像通道数"。注意，这是一个 4 维的张量，要求其类型为 float32 或 float64。

➢ 第二个参数 filter：是 CNN 中的卷积核，它要求是一个张量，具有 [filter_height, filter_width, in_channels, out_channels] 这样的形状（shape），具体含义是"卷积核的高度，卷积核的宽度，图像通道数，卷积核个数"。其类型要求与参数 input 相同，但有一个地方需要注意：其中第三维 in_channels，就是参数 input 的第四维。

> ➤ 第三个参数 strides：指卷积时在图像每一维的步长，这是一个一维的向量，长度为 4，分别表示参数 input 中每一维的滑动窗口距离。
> ➤ 第四个参数 padding：填充类型，string 类型，只能是"SAME"（等大填充）和"VALID"（一致性填充）其中之一，这个值决定了不同的卷积方式。
> ➤ 第五～七个参数：为可选参数，可忽略。

结果返回一个张量，这个输出就是特征图。

7.2.2 池化层

在通过卷积获得了特征（Feature）之后，下一步希望利用这些特征去做分类。理论上讲，可以用所有提取得到的特征去训练分类器，例如 softmax 分类器，但这样做面临计算量的挑战。例如：对于一个 100×100 像素的图像，假设已经学习得到了 100 个定义在 5×5 输入上的特征（即：有 100 个卷积核），每一个特征和图像卷积都会得到一个 $(100 - 5 + 1)×(100 - 5 + 1) = 9\ 216$ 维的卷积特征。由于有 100 个特征，所以每个样例都会得到一个 $9\ 216×100 = 921\ 600$ 维的卷积特征向量。但是，学习一个拥有近 100 万个特征输入的分类器十分不便，并且容易出现过拟合。

为了解决这个问题，可以对图像不同位置的特征进行聚合统计。例如，可以计算图像一个区域上的某个特定特征的平均值（或最大值）。这些概要统计特征不仅具有比使用所有提取得到的特征低得多的维度，同时还会改善结果，不容易过拟合。这种聚合的操作就叫作池化或子采样，包括均值池化（Mean Pooling）和最大值池化（Max Pooling）。

形式上，在获取到前面讨论过的卷积特征后，要确定池化区域的大小（假定为 $m×n$）来池化卷积特征。把卷积特征划分到数个大小为 $m×n$ 的不相交区域上，然后用这些区域的平均（或最大）特征来获取池化后的卷积特征。这些池化后的特征便可以用来进行分类。两种池化可以看成特殊的卷积过程，如图 7.4 所示。

（1）对于 2×2 的池化区域，均值池化的卷积核 W 中每个权重都是 0.25，卷积核在原图 X 上滑动的步长为 2。均值池化的效果相当于把原图模糊缩减至原来的 1/4。

（2）最大值池化的卷积核 W 各权重值中只有一个为 1，其余均为 0，卷积核中为 1 的位置对应原图 X 被卷积核覆盖部分其值最大的位置。卷积核在原图 X 上的滑动步长为 2。最大值池化的效果是把原图缩减至原来的 1/4，并保留每个 2×2 区域的最强输入。

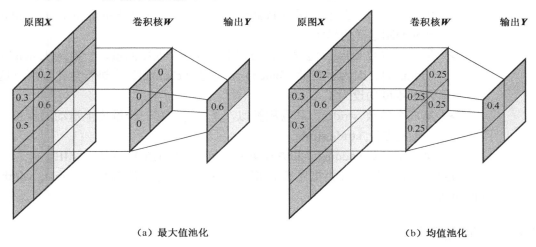

（a）最大值池化　　　　　　　　　　　　（b）均值池化

图 7.4　池化过程的卷积表示

（3）程序实现。在 TensorFlow 中，常用的池化函数有最大值池化函数
tf.nn.max_pool()和均值池化函数 tf.nn.avg_pool()。TensorFlow 中的这两个函数如
下：

```
tf.nn.max_pool(
    value,
    ksize,
    strides,
    padding,
    data_format='NHWC',
    name=None)

tf.nn.avg_pool(
    value,
    ksize,
    strides,
    padding,
    data_format='NHWC',
    name=None)
```

其中常用的参数是前 4 个，和卷积很类似：

➤ 第一个参数 value：需要池化的输入，一般池化层接在卷积层后面，所以输入通常是特征图（Feature Map），依然是[batch, height, width, channels]这样的形状。

➤ 第二个参数 ksize：池化窗口的大小，取一个四维向量，一般是[1, height, width, 1]。因为不在批（batch）和通道（channel）上进行池化，所以这两个维度均设为 1。

➤ 第三个参数 strides：和卷积类似，是窗口在每一个维度上滑动的步长，一般也是[1, stride, stride, 1]。

➤ 第四个参数 padding：和卷积类似，可以取'VALID' 或者'SAME'。

返回一个张量，其类型不变，形状（Shape）仍然是[batch, height, width, channels]这种形式。

7.2.3 全连接层

在几个卷积层和池化层之后，通常有一个或多个全连接层，旨在执行对原始图像的高级抽象。全连接层将前一层所有的神经元与当前层的每个神经元相连接，即与标准神经网络各层之间的连接相同。在全连接层不保存空间信息。全连接层结构示意图如图 7.5 所示。

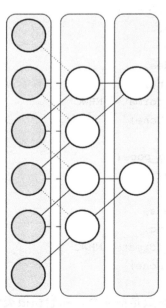

图 7.5　全连接层结构示意图

最后全连接层的输出传递到输出层。对于分类任务，softmax 回归由于可以生成输出的概率分布而被普遍使用。softmax 回归就是：如果判断输入属于某一个类的概率大于属于其他类的概率，那么这个类所对应的值就逼近 1，其他类的值就逼近 0。该算法的主要应用是多分类，而且是互斥的，即只能属于其中的一个类，且所有类的概率和为 1。

TensorFlow 中 softmax 函数如下：

```
tf.nn.softmax(logits, name=None)
```

其中，参数 logits 为输入数据，输出为概率分布。

7.2.4　Dropout 层

Hinton 在 2012 提出的Dropout（丢弃）机制，能够在训练过程中将通过随机禁止一半的神经元被修改，从而避免过拟合的现象。"Dropout"的概念在本质上非常简单，在神经网络中有非常明确的功能。Dropout 层将丢弃该层中一些随机的激活参数，即在每次训练时，让网络某些隐藏层的神经元以一定的概率 p 不工作。此机制将保证神经网络不会对训练样本过于匹配，这将帮助缓解过拟合问题。另外，Dropout 层只能在训练中使用，而不能用于测试过程。

TensorFlow 中的 Dropout 函数如下：

```
tf.nn.dropout(x,
    keep_prob,
    noise_shape=None,
    seed=None,
    name=None)
```

其中，各参数说明如下：
➤ 第一个参数"x"：输入张量，即输入数据；
➤ 第二个参数 keep_prob：float 类型，每个元素被保留（Keep）下来的概率；
➤ 第三～五个参数为可选参数，可忽略。

7.3　训练过程

卷积神经网络在本质上是一种输入到输出的映射，它能够学习大量的输入与输出之间的映射关系，而不需要任何输入和输出之间精确的数学表达式，只要用已知的模式对卷积神经网络加以训练，网络就具有输入、输出之间映射的能力。

其训练算法与传统的 BP 算法差不多，主要包括 4 步，可分为两个阶段：

第一阶段，前向传播阶段：

（1）从样本集中取一个样本，将样本输入网络；

（2）计算相应的实际输出。

在此阶段，信息从输入层经过逐级的变换，传送到输出层。这个过程也是网络在完成训练后正常运行时执行的过程。

第二阶段，后向传播阶段：

（1）计算实际输出与相应的理想输出之间的误差；

（2）计算每个权重的梯度，再用梯度下降算法更新权重。

总体来说，卷积神经网络与普通的多层神经网络只是结构上不同。卷积神经网络多了特征提取层与降维层，它们之间节点的连接方式是部分连接，多个连接线共享权重；而多层神经网络前后两层之间节点是全连接。除此以外，权值更新、训练、识别都是一致的。训练得到一组权值，在这组权值下网络可以更好地提取数据特征用于分类识别。

7.4　卷积神经网络经典模型

7.4.1　LeNet-5 模型

LeNet-5 模型由 Yann LeCun 教授于 1998 年提出，是第一个成功应用于数字识别问题的卷积神经网络。LeNet-5 模型的网络结构[15]如图 7.6 所示。

LeNet-5 模型共有 7 层（不包含输入），每层都包含可训练参数（连接权重）。输入图像大小为 32×32，这比 MNIST 数据库中最大的字母还要大。这样做的原因，是希望潜在的明显特征（如笔画断点或角点）能够出现在最高层特征监测子感知野的中心。

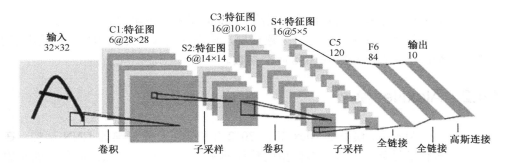

图 7.6　LeNet-5 模型的网络结构

C1 层是一个卷积层，由 6 个特征图（Feature Map）构成。其特征图中每个神经元与输入中 5×5 的邻域相连，特征图的大小为 28×28，这样能防止输入的连接掉到边界之外。C1 层有 5×5×1×6+6=156 个可训练参数，共 156×(28×28)= 122 304 个连接。

S2 层是一个池化（子采样）层，有 6 个 14×14 的特征图。其特征图中的每个单元与 C1 中相对应特征图的 2×2 邻域相连接。S2 层每个单元的 4 个输入相加，乘以一个可训练参数，再加上一个可训练偏置，其结果通过 sigmoid 函数计算。每个单元的 2×2 感知野并不重叠，因此 S2 层中每个特征图的大小是 C1 层中特征图大小的 1/4（行和列各 1/2）。S2 层有 12 个可训练参数和 5 880 个连接。

C3 层也是一个卷积层，它同样通过 5×5 的卷积核去池化层 S2，然后得到的特征图就只有 10×10 个神经元，但是它有 16 种不同的卷积核，所以存在 16 个特征图。

S4 层是一个池化层，由 16 个 5×5 大小的特征图构成。其特征图中的每个单元都与 C3 层中相应特征图的 2×2 邻域相连接，跟 C1 层和 S2 层之间的连接一样。S4 层有 32 个可训练参数和 2 000 个连接。

C5 层是一个卷积层（实际上是全连接层），有 120 个特征图。其中每个单元都与 S4 层的全部 16 个单元的 5×5 邻域相连。由于 S4 层特征图的大小也为 5×5（同滤波器一样），故 C5 层特征图的大小为 1×1，这构成了 S4 层和 C5 层之间的全连接。之所以仍将 C5 层称为卷积层而非全连接层，是因为：如果 LeNet-5 网络的输入变大，而其他保持不变，那么此时特征图的维数就会比 1×1 大。C5 层有 48 120 个可训练的连接。

F6 层是全连接层，有 84 个单元，与 C5 层全部相连。F6 层有 10 164 个可训练参数。如同经典神经网络，F6 层计算输入向量和权重向量之间的点积，再加上一个偏置，然后将其传递给 sigmoid 函数产生单元 i 的一个状态。

最后的输出层是一个全连接层，该层的输入节点是 84 个，输出节点是 10 个，总共有 84×10+10=850 个参数。

7.4.2　AlexNet 模型

AlexNet 模型是 Alex 等人 2012 年提出的一个经典的 CNN 架构，在性能方面有了显著的改善。该模型的整体架构与 LeNet-5 相似，但具有更深的结构。AlexNet 模型的网络架构[7]如图 7.7 所示。

AlexNet 模型采用 8 层的卷积神经网络，包括 5 个卷积层和 3 个全连接层，其中 3 个卷积层后面加了最大值池化，包含 6 亿 3 000 万个连接、6 000 万个参数和 65 万个神经元。其输入图片为 224×224×3；第一个卷积层使用较大的卷积和尺寸 11×11，步长为 4，有 96 个卷积核；紧接着是 LRN（Local Response Normalization，局部响应归一化）层；然后是一个 3×3 的最大值池化层，步长为 2。这之后的卷积层都比较小，其大小均为 5×5 或者 3×3，并且步长都为 1，即扫描所有的像素；最大值池化层则依然为 3×3，步长为 2。同时可以发现，在前面的几个卷积层中，虽然计算量很大，但是参数量很小，都是 $1×10^6$ 左右，大部分的参数都在全连接层中，这是由卷积层共享权重的性质决定的。

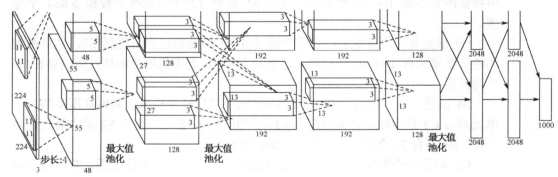

图 7.7　AlexNet 模型的网络架构

需要注意的是，该模型采用了 2-GPU 并行结构，即所有卷积层都将模型参数分为两部分进行训练。在这里，并行结构进一步分为数据并行与模型并行。数据并行是指在不同的 GPU 上模型结构相同，但将训练数据进行切分，分别训练得到不同的模型，再将模型进行融合；而模型并行则是指将若干层的模型参数进行切分，不同的 GPU 上使用相同的数据进行训练，得到的结果直接连接作为下一层的输入。

AlexNet 模型的应用创新主要有：

（1）成功使用 ReLU 函数作为 CNN 的激活函数，验证了其效果在较深的网络中超过了 sigmoid 函数，成功解决了 sigmoid 函数在网络较深时的梯度弥散问题。

（2）训练时使用 Dropout 层来随机地忽略一部分神经元，以避免模型过拟合。Dropout 层一般在全连接层使用，在预测时不使用，即预测时 Dropout 函数值为 1。

（3）在 CNN 中使用重叠的最大值池化（步长小于卷积核）。此前 CNN 中普遍使用均值池化，使用最大值池化可以避免均值池化的模糊效果。同时，重叠效果可以提升特征的丰富性。

（4）提出了 LRN 层，对局部神经元的活动创建竞争机制，使得其中响应比较大的值变得相对更大，并抑制其他反馈较小的神经元，增强了模型的泛化能力。

（5）使用 CUDA 加速神经网络的训练，利用了 GPU 强大的计算能力。

（6）使用数据增强技术。随机地从 256×256 的图片中截取 224×224 大小的区域（以及水平翻转的镜像），相当于增加了 $(256-224)^2 \times 2 = 2\,048$ 倍的数据量。如果没有数据增强，模型会陷入过拟合中，使用数据增强技术可以增大模型的泛化能力。

7.5　仿真实例

【例 7-1】

利用 LeNet 网络结构的卷积神经网络算法进行 MNIST 手写数字的分类识别，激活函数采用 sigmoid 函数，损失函数采用交叉熵，采用梯度下降的误差后向传播算法进行优化。

其源程序如下：

```
#导入TensorFlow
import tensorflow as tf
#读取经典的MNIST数据集
#使用one-hot独热码，每个稀疏向量只有标签类值是1，其他类是0
from tensorflow.examples.tutorials.mnist import input_data
mnist = input_data.read_data_sets("MNIST_data/", one_hot=True)
```

```
#输入数据占位符
x = tf.placeholder('float', [None, 784])
#数据标签占位符
y_ = tf.placeholder('float', [None, 10])
# 输入图片数据形状转化为 28×28 矩阵
x_image = tf.reshape(x, [-1, 28, 28, 1])
#第一层卷积层，初始化卷积核参数、偏置值，该卷积层大小为 5×5，1 个通道共有
#6 个不同卷积核，步长为 1×1，等大填充
filter1 = tf.Variable(tf.truncated_normal([5, 5, 1, 6]))
bias1 = tf.Variable(tf.truncated_normal([6]))
conv1 = tf.nn.conv2d(x_image, filter1, strides=[1, 1, 1, 1],
          padding='SAME')
h_conv1 = tf.nn.sigmoid(conv1 + bias1)
#第一层池化层，采用最大值池化，尺寸为 2×2，步长为 2×2，等大填充
maxPool2 = tf.nn.max_pool(h_conv1, ksize=[1, 2, 2, 1],strides
         =[1, 2, 2, 1], padding='SAME')


#第二层卷积层，初始化卷积核参数、偏置值，该卷积层大小为 5×5，6 个输入通道
#共有 16 个不同卷积核，步长为 1×1，等大填充
filter2 = tf.Variable(tf.truncated_normal([5, 5, 6, 16]))
bias2 = tf.Variable(tf.truncated_normal([16]))
conv2 = tf.nn.conv2d(maxPool2, filter2, strides=[1, 1, 1, 1],
          padding='SAME')
h_conv2 = tf.nn.sigmoid(conv2 + bias2)
#第二层池化层，采用最大值池化，尺寸为 2×2，步长为 2×2，等大填充
maxPool3 = tf.nn.max_pool(h_conv2, ksize=[1, 2, 2, 1],strides
         =[1, 2, 2, 1], padding='SAME')


#第三层卷积层，初始化卷积核参数、偏置值，该卷积层大小为 5×5，16 个输入通道
#共有 120 个不同卷积核，步长为 1×1，等大填充
filter3 = tf.Variable(tf.truncated_normal([5, 5, 16, 120]))
bias3 = tf.Variable(tf.truncated_normal([120]))
conv3 = tf.nn.conv2d(maxPool3, filter3, strides=[1, 1, 1, 1],
          padding='SAME')
h_conv3 = tf.nn.sigmoid(conv3 + bias3)


# 全连接层
# 产生权值参数、偏置变量
```

```
W_fc1 = tf.Variable(tf.truncated_normal([7 * 7 * 120, 80]))
b_fc1 = tf.Variable(tf.truncated_normal([80]))
# 形状转化，将卷积的输出展开
h_pool2_flat = tf.reshape(h_conv3, [-1, 7 * 7 * 120])
# 神经网络计算，并添加 sigmoid 激活函数
h_fc1 = tf.nn.sigmoid(tf.matmul(h_pool2_flat, W_fc1) + b_fc1)


# 输出层，使用 softmax 进行多分类
# 产生权值参数、偏置变量
W_fc2 = tf.Variable(tf.truncated_normal([80, 10]))
b_fc2 = tf.Variable(tf.truncated_normal([10]))
# 神经网络计算
y_conv = tf.nn.softmax(tf.matmul(h_fc1, W_fc2) + b_fc2)
# 损失函数
cross_entropy = -tf.reduce_sum(y_ * tf.log(y_conv))
# 使用 GDO 优化算法来调整参数
train_step = tf.train.GradientDescentOptimizer(0.001).minimize(cross_entropy)


#计算预测准确率，将预测值与标签值进行比较
#argmax()返回张量最大值的索引
#equal()判断向量是否相等，返回布尔值
#cast(correct_prediction, 'float'))强制类型转化，将布尔值转化为浮点值
#reduce_mean()求均值
correct_prediction = tf.equal(tf.argmax(y_conv, 1), tf.argmax(y_, 1))
accuracy = tf.reduce_mean(tf.cast(correct_prediction, "float"))


#图计算
sess = tf.InteractiveSession()
# 对所有变量进行初始化
sess.run(tf.global_variables_initializer())
# 进行训练
for i in range(1000):
    # 获取训练数据
    batch_xs, batch_ys = mnist.train.next_batch(200)
    # 每迭代 100 个 batch，对当前训练数据进行测试，输出当前预测准确率
    if i % 100 == 0:
     train_accuracy = accuracy.eval(feed_dict={x: batch_xs, y_: batch_ys})
     print("step %d, training accuracy %g" % (i, train_accuracy))
```

```
# 训练数据
train_step.run(feed_dict={x: batch_xs, y_: batch_ys})
```

```
#使用 test 测试数据和训练好模型，计算相关参数
xdat=sess.run(accuracy,feed_dict={x: mnist.test.images,\
                                  y_: mnist.test.labels})
print('测试模型训练结果',xdat)
# 关闭会话
sess.close()
```

```
#输出：
step 0, training accuracy 0.08
step 100, training accuracy 0.25
step 200, training accuracy 0.69
step 300, training accuracy 0.685
step 400, training accuracy 0.81
step 500, training accuracy 0.855
step 600, training accuracy 0.795
step 700, training accuracy 0.84
step 800, training accuracy 0.895
step 900, training accuracy 0.89
测试模型训练结果 0.8824
```

【例 7-2】

利用改进的 LeNet 结构卷积神经网络算法进行 MNIST 手写数字的分类识别。主要改进之处：激活函数采用 ReLU 函数，增加 Dropout 层，定义网络层函数等。

其源程序如下：

```
#导入 TensorFlow
import tensorflow as tf
#读取经典的 MNIST 数据集
#使用 one-hot 独热码，每个稀疏向量只有标签类值是 1，其他类是 0
from tensorflow.examples.tutorials.mnist import input_data
mnist = input_data.read_data_sets("MNIST_data/", one_hot=True)


#定义权重函数
```

```
def weight_variable(shape):
    #根据输入的 shape 形状数据，生成一个 TF 变量 Variable 参数，并进行初始化，
    作为权重变量
    initial = tf.truncated_normal(shape, stddev=0.1)
    return tf.Variable(initial)


#定义偏置函数
def bias_variable(shape):
    #根据输入的 shape 形状数据，生成一个 TF 变量 Variable 参数，并进行初始化，
    作为偏移变量
    initial = tf.constant(0.1, shape=shape)
    return tf.Variable(initial)


#定义卷积函数，返回一个步长为 1 的 2D（二维）卷积层，等大填充
def conv2d(x, W):
    return tf.nn.conv2d(x, W, strides=[1, 1, 1, 1], padding='SAME')


#定义池化函数，采用最大值池化，尺寸为 2×2，步长为 2×2，等大填充
def max_pool_2x2(x):
    return tf.nn.max_pool(x, ksize=[1, 2, 2, 1],
                    strides=[1, 2, 2, 1], padding='SAME')


#构建一个卷积神经网络模型，用于 MNIST 数据集手写数字的分类
def deepnn(x):
    x_image = tf.reshape(x, [-1, 28, 28, 1])

    #第一个卷积层，初始化卷积核参数、偏置值，该卷积层大小为 5×5，1 个通道
    #共有 32 个不同的卷积核
    W_conv1 = weight_variable([5, 5, 1, 32])
    b_conv1 = bias_variable([32])
    h_conv1 = tf.nn.relu(conv2d(x_image, W_conv1) + b_conv1)

    # 第一个池化层，对数据进行 2 倍增幅下采样
    h_pool1 = max_pool_2x2(h_conv1)
```

```python
#第二个卷积层，初始化卷积核参数、偏置值，该卷积层大小为 5×5，32 个输入通道
#共有 64 个不同的卷积核
W_conv2 = weight_variable([5, 5, 32, 64])
b_conv2 = bias_variable([64])
h_conv2 = tf.nn.relu(conv2d(h_pool1, W_conv2) + b_conv2)


# 第二个池化层，对数据进行 2 倍增幅下采样
h_pool2 = max_pool_2x2(h_conv2)


#全连接层 1，产生权值参数、偏置变量，通过 2 次下采样操作，输入的 28×28 图像，
#转换为 7×7×64 特征映射图，映射 1024 个特征点
W_fc1 = weight_variable([7 * 7 * 64, 1024])
b_fc1 = bias_variable([1024])


h_pool2_flat = tf.reshape(h_pool2, [-1, 7*7*64])
h_fc1 = tf.nn.relu(tf.matmul(h_pool2_flat, W_fc1) + b_fc1)


#使用 Dropout 层控制模型的复杂度，防止 features 特征点互相干扰。
keep_prob = tf.placeholder(tf.float32)
h_fc1_drop = tf.nn.dropout(h_fc1, keep_prob)


#1024 个 features 特征点，映射到 10 个类，每类为 1 个数字
W_fc2 = weight_variable([1024, 10])
b_fc2 = bias_variable([10])


y_conv = tf.matmul(h_fc1_drop, W_fc2) + b_fc2


return y_conv, keep_prob


#主函数，输入数据占位符、数据标签占位符
x = tf.placeholder(tf.float32, [None, 784])
y_ = tf.placeholder(tf.float32, [None, 10])


# 使用 deep net 深度神经网络
y_conv, keep_prob = deepnn(x)
```

```
#定义 loss 损失函数和 optimizer 优化函数')
cross_entropy = tf.reduce_mean(tf.nn.softmax_cross_entropy_with_logits
(labels=y_,logits=y_conv))
train_step = tf.train.AdamOptimizer(1e-4).minimize(cross_entropy)


#计算预测准确率，将预测值与标签值进行比较
#argmax()返回张量最大值的索引
#equal()判断向量是否相等，返回布尔值
#cast(correct_prediction, 'float'))强制类型转化，将布尔值转化为浮点值
#reduce_mean()求均值
correct_prediction = tf.equal(tf.argmax(y_conv, 1), tf.argmax(y_, 1))
accuracy = tf.reduce_mean(tf.cast(correct_prediction, tf.float32))


#图计算
sess = tf.Session()
# 对所有变量进行初始化
init = tf.global_variables_initializer()
sess.run(init)
# 进行训练
nstep=300
for i in range(nstep):
    # 获取训练数据
    batch = mnist.train.next_batch(50)
    # 每迭代 30 个 batch，对当前训练数据进行测试，输出当前预测准确率
    if i % 30 == 0:
        feed={x: batch[0], y_: batch[1], keep_prob: 1.0}
        train_accuracy = sess.run(accuracy,feed_dict=feed)
        print('%d#, training accuracy %g' % (i, train_accuracy))

    sess.run(train_step,feed_dict={x:batch[0],y_:batch[1],keep_prob: 0.5})
# 关闭会话
sess.close()


#输出：
```

```
0#, training accuracy 0.06
100#, training accuracy 0.92
200#, training accuracy 0.94
300#, training accuracy 0.98
400#, training accuracy 0.94
500#, training accuracy 0.98
600#, training accuracy 0.92
700#, training accuracy 0.92
800#, training accuracy 0.96
900#, training accuracy 0.98
```

第 **8** 章

循环神经网络

8.1 循环神经网络概述

循环神经网络（Recurrent Neural Network，RNN）源自 1982 年 John Hopfield 提出的霍普菲尔德网络。霍普菲尔德网络因为实现困难，因而在其被提出时并没有被合适地应用。该网络的结构也于 1986 年后被全连接神经网络以及一些传统的机器学习算法所取代。

传统的机器学习算法非常依赖于人工提取的特征，使得基于传统机器学习的图像识别、语音识别以及自然语言处理等问题存在特征提取的瓶颈。而基于全连接神经网络的方法也存在参数太多、无法利用数据中的时间序列信息等问题。随着更加有效的循环神经网络结构被不断提出，循环神经网络的挖掘数据中时序信息和语义信息的深度表达能力被充分利用，并在语音识别、语言模型、机器翻译以及时序分析等方面实现了突破[13]。

循环神经网络是一种将节点定向连接成环的人工神经网络，其内部状态可以展示动态时序行为。在之前介绍的全连接神经网络或卷积神经网络模型中，网络结构都是从输入层到隐藏层再到输出层，层与层之间是全连接或部分连接的，但每层之间的节点是无连接的。如果要预测句子的下一个词语是什么，一般需要用到当前词语以及前面的词语，因为句子中前后词语并不是独立的。比如，当前词语是"中国"，之前的词语是"我是"，那么下一个词语大概率是"人"。

8.1.1　循环神经网络结构

循环神经网络的主要用途是处理和预测序列数据。循环神经网络最初就是为了刻画一个序列当前的输出与之前信息的关系。从网络结构上看，循环神经网络会记忆之前的信息，并利用之前的信息影响后面节点的输出。也就是说，循环神经网络的隐藏层之间的节点是有连接的，隐藏层的输入不仅包括输入层的输出，还包括上一时刻隐藏层的输出。

图 8.1 所示是一个典型的循环神经网络（RNN）结构的示意图。循环神经网络主体结构的输入，除了来自输入层 x_t，还有一个循环的边来提供上一时刻的隐藏状态 s_t。在每一时刻，循环神经网络的模块在读取了 x_t 和 s_{t-1} 之后会生成新的隐藏状态 s_t，并产生本时刻的输出 o_t。循环神经网络当前的状态 s_t 是由上一时刻的状态 s_{t-1} 和当前的输入 x_t 共同决定的[16]。

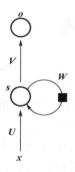

图 8.1　典型 RNN 结构示意图

在时刻 t，状态 s_t 浓缩了前面序列 $x_0, x_1, x_2, \cdots, x_{t-1}$ 的信息，用来作为输出 o_t 的参考。由于序列长度可以无限长，维度有限的 s 状态不可能将序列的全部信息都保存下来，因此模型必须学习只保留与后面任务 $o_t, o_{t+1}, \cdots$ 相关的最重要的信息，如图 8.2 所示。

在图 8.2 中，循环神经网络对长度为 N 的序列展开后，可以视为一个有 N 个中间层的前馈神经网络。这个前馈神经网络没有循环链接，因此可以直接使用反向传播算法（BP 算法）进行训练，而不需要其他特别的优化算法。这样的训练方法称为"沿时间反向传播算法"（Back Propagation Trough Time，BPTT），它是训练循环神经网络最常见的方法。

对于一个序列数据，可以将这个序列上不同时刻的数据依次传入循环神经网络的输入层；而输出既可以是对序列下一时刻的预测，也可以是对当前时刻信息的处理结果。循环神经网络要求每一时刻都有一个输入，但是不一定每个时刻都需要有输出。

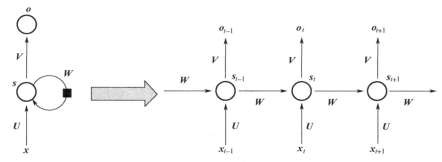

图 8.2　RNN 时间展开结构示意图

网络在 t 时刻接收到输入 x_t 之后，隐藏层的值是 s_t，输出值是 o_t。s_t 的值不仅仅取决于 x_t，还取决于 s_{t-1}。可以用下面的公式来表示循环神经网络的计算方法：

$$o_t = g(Vs_t) \tag{8.1}$$

$$s_t = f(Ux_t + Ws_{t-1}) \tag{8.2}$$

式（8.1）是输出层的计算公式，输出层是一个全连接层，也就是它的每个节点都和隐藏层的每个节点相连。其中 V 是输出层的权重矩阵，g 是激活函数。式（8.2）是隐藏层的计算公式，它是循环层。其中 U 是输入 x 的权重矩阵，W 是上一次的值 s_{t-1} 作为这一次的输入的权重矩阵，f 是激活函数。

从上面两个公式可以看出，循环层和全连接层的区别就是循环层多了一个权重矩阵 W。

8.1.2　循环神经网络前向传播

图 8.3 示意了一个最简单的 RNN 循环体结构，其输入为 x_t，输出值和隐藏层的值都是 h_t，激活函数为 tanh 函数。下面通过图 8.3 介绍循环神经网络前向传播的完整流程。

循环神经网络中的状态是通过一个向量来表示的，这个向量的维度也称为循环神经网络隐藏层的大小，假设其为 n。假设输入向量的维度为 x，那么图 8.3 中循环体的全连接层神经网络的输入大小为 $x+n$。也就是说，将上一时刻的状态与当前时刻的输入拼接成一个大的向量，作为循环体中神经网络的输入。因为该全连接层的输出为当前时刻的状态，于是输出层的节点个数也为 n，故循环体中的参数个数为$(n+x)\ xn+n$。

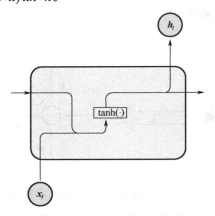

图 8.3　RNN 循环体结构示意图

　　循环体状态与最终输出的维度通常不同，因此为了将当前时刻的状态转化为最终的输出，循环神经网络还需要另外一个全连接神经网络来完成这个过程。这和卷积神经网络中最后的全连接层的意义是一样的。

　　在得到循环神经网络的前向传播结果之后，可以和其他神经网络类似地定义损失函数。使用类似的优化框架，TensorFlow 就可以自动完成模型训练的过程。因为其每个时刻都有一个输出，所以循环神经网络的总损失函数的值为所有时刻（或部分时刻）上的损失函数的和。

8.1.3　循环神经网络训练算法

　　如果将 RNN 进行网络展开，那么参数 W、U、V 是共享的，并且在使用梯度下降算法时，每一步的输出不仅依赖于当前步网络的状态，还依赖于前面若干步网络的状态。比如，在 $t = 4$ 时，还需要向后传递三步，后面的三步都需要加上各种梯度，即采用沿时间反向传播算法（BPTT）。BPTT 算法是针对循环层的训练算法，它的基本原理和 BP 算法是一样的，也包含同样的四个步骤：

　　（1）前向计算每个神经元的输出值。

　　（2）反向计算每个神经元的误差项，包括两个方向：一个是沿时间的反向传播，计算每个时刻的误差项；另一个是将误差项向上一层传播。

　　（3）计算每个权重的梯度。

　　（4）用梯度下降的误差后向传播算法更新权重。

　　需要注意：理论上，循环神经网络可以支持任意长度的序列。然而，在实际训练过程中，如果序列过长，一方面会导致训练时出现梯度消失和梯度爆炸的问题；另一方面，展开后的循环神经网络会占用过大的内存。所以，实际中会规定一个最大长度，当序列长度超过规定长度后会对序列进行截断。

8.2 长短时记忆（LSTM）网络

如果当前预测位置和相关信息之间的间隔不断增大，简单循环神经网络就有可能丧失学习到距离如此远的信息的能力；或者在复杂语言场景中，有用信息的间隔有大有小、长短不一，此时循环神经网络的性能也会受到限制。在这种情况下，1997 年Hochreiter 和 Schmidhuber提出了长短时记忆（Long Short-term Memory，LSTM）网络。

LSTM 网络是循环神经网络的一种特殊类型，它可以学习长期依赖的信息。采用 LSTM 网络结构的循环神经网络，比标准的循环神经网络表现更好。与单一循环体结构不同，LSTM 网络结构是一种拥有三个"门"结构的特殊网络结构。在很多问题上，LSTM 网络都取得相当巨大的成功，并得到了广泛的使用。LSTM 网络通过特殊的设计来避免长期依赖问题。记住长期的信息是 LSTM 网络在实践中的默认行为，而不是它需要付出很大代价才能获得的能力。因此，目前大多数循环神经网络都是通过 LSTM 网络结构实现的。

8.2.1 LSTM 网络结构

原始 RNN 的隐藏层只有一个状态 h，如图 8.4（a）所示，它对于短期的输入非常敏感。LSTM 网络增加一个状态 c，让它来保存长期的状态[17]，如图 8.4（b）所示。

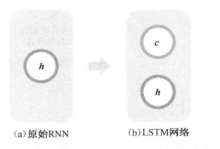

（a）原始RNN　　　（b）LSTM网络

图 8.4　原始 RNN 和 LSTM 网络的结构示意图

新增加的状态 c，称为单元状态。把图 8.4（b）按照时间维度展开，如

图 8.5 所示。

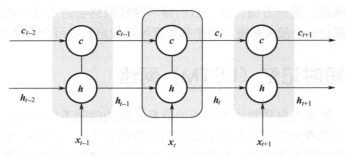

图 8.5 LSTM 网络时间展开示意图

由图 8.5 可以看出：在 t 时刻，LSTM 网络的输入有三个，即当前时刻网络的输入值 x_t、上一时刻 LSTM 网络的输出值 h_{t-1} 以及上一时刻的单元状态 c_{t-1}；LSTM 网络的输出有两个，即当前时刻 LSTM 网络输出值 h_t 和当前时刻的单元状态 c_t。注意，x、c、h 都是向量。

LSTM 网络的关键，就是怎样控制长期状态 c。在这里，LSTM 的思路是使用三个控制开关：第一个开关，负责控制继续保存长期状态 c；第二个开关，负责控制把即时状态输入到长期状态 c；第三个开关，负责控制是否把长期状态 c 作为当前的 LSTM 网络的输出。LSTM 控制开关示意图如图 8.6 所示。

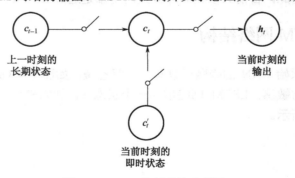

图 8.6 LSTM 控制开关示意图

8.2.2 LSTM 前向计算

LSTM 网络靠一些"门"的结构让信息有选择性地影响循环神经网络中每一时刻的状态。门实际上就是一层全连接层，它的输入是一个向量，输出是一个 0～1 之间的实数向量。假设 W 是门的权重向量，b 是偏置项，那么门可以表示为：

$$g(x) = \sigma(Wx + b) \tag{8.3}$$

门的使用，就是用门的输出向量按元素乘以需要控制的向量。当门的输出为 0 时，任何向量与之相乘都会得到 **0** 向量，这就相当于什么都不能通过；当门的输出为 1 时，任何向量与之相乘都不会有任何改变，这就相当于什么都可以通过。因为 σ（也就是 sigmoid 函数）的值域是（0，1），所以门的状态都是半开半闭的。

LSTM 网络用两个门来控制单元状态 c 的内容，一个是遗忘门（Forget Gate），它决定了上一时刻的单元状态 c_{t-1} 有多少保留到当前时刻的单元状态 c_t；另一个是输入门（Input Gate），它决定了当前时刻网络的输入 x_t 有多少保存到单元状态 c_t。LSTM 网络用输出门（Output Gate）来控制单元状态 c_t 有多少输出到 LSTM 网络的当前输出值 h_t。

先看一下遗忘门：

$$f_t = \sigma(W_f \cdot [h_{t-1}, x_t] + b_f) \tag{8.4}$$

式中，W_f 是遗忘门的权重矩阵，$[h_{t-1}, x_t]$ 表示把两个向量连接成一个更长的向量，b_f 是遗忘门的偏置项，σ 是 sigmoid 函数。如果输入的维度是 d_x，隐藏层的维度是 d_h，单元状态的维度是 d_c（通常 $d_c = d_h$），则遗忘门的权重矩阵 W_f 的维度是 $d_c \times (d_h + d_x)$。事实上，权重矩阵 W_f 是由两个矩阵拼接而成的：一个是 W_{hf}，它对应着输入项 h_{t-1}，其维度为 $d_c \times d_h$；一个是 W_{fx}，它对应着输入项 x_t，其维度为 $d_c \times d_x$。W_f 可以写为：

$$\begin{bmatrix} W_f \end{bmatrix} \begin{bmatrix} h_{t-1} \\ x_t \end{bmatrix} = \begin{bmatrix} W_{fh} & W_{fx} \end{bmatrix} \begin{bmatrix} h_{t-1} \\ x_t \end{bmatrix} \tag{8.5}$$
$$= W_{fh} h_{t-1} + W_{fx} x_t$$

LSTM 遗忘门计算示意图如图 8.7 所示。

再来看输入门：

$$i_t = \sigma\left(W_i \cdot [h_{t-1}, x_t] + b_i\right) \tag{8.6}$$

式中，W_i 是输入门的权重矩阵，b_i 是输入门的偏置项。LSTM 输入门计算示意图如图 8.8 所示。

接下来，计算用于描述当前输入的单元状态 c_t'，它是根据上一次的输出和本次输入来计算的：

$$c_t' = \tanh\left(W_c \cdot [h_{t-1}, x_t] + b_c\right) \tag{8.7}$$

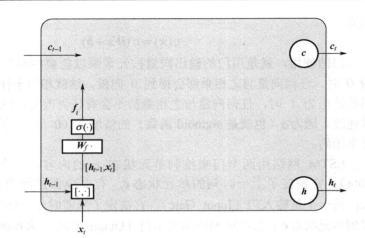

图 8.7　LSTM 遗忘门计算示意图

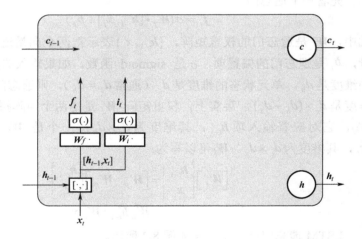

图 8.8　LSTM 输入门计算示意图

c'_t 的计算示意图如图 8.9 所示。

现在，计算当前时刻的单元状态 c_t。它是由上一次的单元状态 c_{t-1} 按元素乘以遗忘门 f_t，再用当前输入的单元状态 c'_t 按元素乘以输入门 i_t，再将这两个积相加而产生的：

$$c_t = f_t \cdot c_{t-1} + i_t \cdot c'_t \qquad (8.8)$$

c_t 计算示意图如图 8.10 所示。

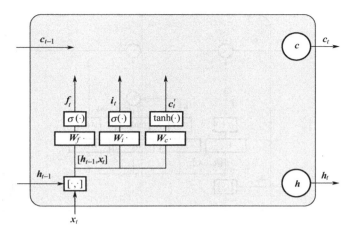

图 8.9　c_t' 的计算示意图

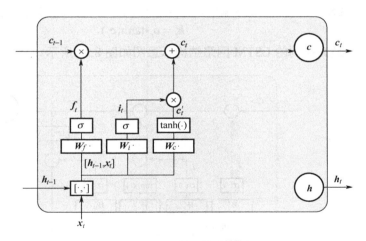

图 8.10　c_t 的计算示意图

这样，就把 LSTM 网络关于当前的记忆 c_t' 和长期的记忆 c_{t-1} 组合在一起，形成了新的单元状态 c_t。由于遗忘门的控制，LSTM 网络可以保存很久很久之前的信息；又由于输入门的控制，它可以避免当前无关紧要的内容进入记忆。下面看看输出门，它控制了长期记忆对当前输出的影响：

$$o_t = \sigma(W_o \bullet [h_{t-1}, x_t] + b_o) \qquad (8.9)$$

LSTM 输出门的计算示意图如图 8.11 所示。

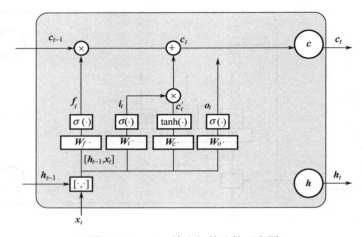

图 8.11 LSTM 输出门的计算示意图

LSTM 网络的最终输出，是由输出门和单元状态共同确定的：

$$\boldsymbol{h}_t = \boldsymbol{o}_t \cdot \tanh(\boldsymbol{c}_t) \tag{8.10}$$

最终得到的 LSTM 网络结构示意图如图 8.12 所示。

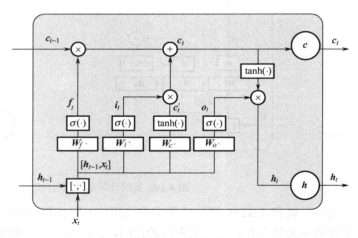

图 8.12 LSTM 网络结构示意图

从式（8.4）到式（8.10），就是 LSTM 前向计算的全部公式。

8.2.3 LSTM 网络训练算法

LSTM 网络的训练算法仍然是反向传播算法，主要步骤如下：

（1）前向计算每个神经元的输出值，对于 LSTM 网络来说，即 $\boldsymbol{f}_t$、$\boldsymbol{i}_t$、$\boldsymbol{c}_t$、

o_t、h_t 五个向量的值。

（2）反向计算每个神经元的误差项。与循环神经网络一样，LSTM 网络误差项的反向传播也包括两个方向：一个是沿时间的反向传播，即从当前时刻 t 开始，计算每个时刻的误差项；另一个是将误差项向上一层传播。

（3）根据相应的误差项，计算每个权重的梯度。

（4）用梯度下降的误差后向传播算法更新权重。

8.2.4　LSTM 网络程序实现

在 TensorFlow 中，LSTM 网络可以简单地通过 BasicLSTMCell 实现。以下代码展示了在 TensorFlow 中实现使用 LSTM 网络结构的循环神经网络的前向传播过程：

```
# 定义一个 LSTM 网络结构
lstm= tf.contrib.rnn.BasicLSTMCell(lstm_hidden_size)
# 将LSTM 网络中的状态初始化为全 0 数组。返回的 state 包含两个张量 state.c 和 state.h
state=lstm.zero_state(batch_size,tf.float32)
# 定义损失函数
loss=0.0
#定义训练数据的序列长度 num_steps
for i in range(num_steps):
    #声明 LSTM 网络结构中使用的变量，在之后的时刻都需要复用之前定义好的变量
    if i>0: tf.get_variable_scpoe.reuse_variables()
    #将当前输入 current_input 和前一时刻状态 state(h_t-1 和 c_t-1)传入
    #定义的 LSTM 网络结构，可以得到当前 LSTM 网络的输出 lstm_output(ht)和
    #更新后的状态 state(ht 和 ct)
    lstm_output,state=lstm(current_input,state)
    # 将当前时刻 LSTM 网络结构的输出传入一个全连接层，得到最后的输出
    final_output=fully_connected(lstm_output)
    # 计算当前时刻输出的损失函数
    loss+=calc_loss(final_output,expected_output)
# 使用常规神经网络的方法训练模型
```

RNN 中也有 Dropout 方法，但是 RNN 一般只在不同层循环体结构之间使用 Dropout 方法，而不在同一层传递的时候使用。在 TensorFlow 中，使用 tf.contrib.rnn.DropoutWrapper 类可以很容易实现 Dropout 功能：

```
# 使用 DropoutWrapper 类来实现 Dropout 功能，input_keep_prob 用来控制输入的
# dropout 概率，output_keep_prob 用来控制输出的 Dropout 概率
dropout_lstm = tf.contrib.rnn.DropoutWrapper(lstm, input_keep_prob=1.0,
output_keep_prob=1.0)
```

8.3　循环神经网络的变种

8.3.1　双向循环神经网络

在标准的循环神经网络（RNN）中，状态是从前往后单向传播的，在时序上处理序列，往往忽略了未来的上下文信息。然而在有些问题中，当前时刻的输出不仅和之前的状态有关，也和之后的状态相关。此时就需要使用双向循环神经网络（BRNN）来解决这个问题。

双向循环神经网络的基本思想是每一个训练序列向前和向后分别是两个循环神经网络，而且两个网络都连接着一个输出层。这个结构给输出层提供输入序列中每一个点的完整的过去和未来的上下文信息。

双向循环神经网络是由两个独立的循环神经网络叠加在一起组成的，其输出由这两个循环神经网络（RNN）的输出拼接而成。图 8.13 示意了一个双向 RNN 的结构[15]。

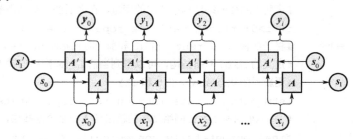

图 8.13　双向 RNN 结构示意图

在任一时刻 t，输入会同时提供给这两个方向相反的循环神经网络，两个独立的网络独立进行计算，各自产生该时刻的新状态和输出；而双向循环神经网络的最终输出是这两个单向循环神经网络输出的简单拼接。两个循环神经网络除方向不同以外，其余结构完全对称。每一个网络中的循环体可以自由选用任意结构，如 RNN 或 LSTM 网络。

8.3.2　深层循环神经网络

深层循环神经网络（Deep RNN）是循环神经网络的另一个变种。为了增强模型的表达能力，可以在网络中设置多个循环层，将每层循环网络的输出传给下一层进行处理[15]。图 8.14 所示为一个深层循环神经网络的结构示意图。

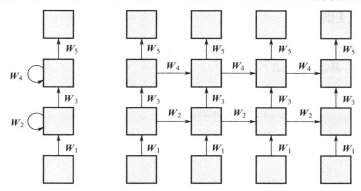

图 8.14　深层循环神经网络结构示意图

假设在一个 L 层的深层循环神经网络中，每一时刻的输入 x_t 到输出 o_t 之间有 L 个循环体，网络可以从输入中抽取更加高层的信息。和卷积神经网络类似，深层循环神经网络每一层循环体中的参数是一致的，而不同层中的参数可以不同。TensorFlow 中提供了 MultiRNNCell 类来实现深层循环神经网络的前向传播过程，只需在 BasicLSTMCell 的基础上再封装一层 MultiRNNCell 就可以像搭积木一样，非常容易地实现深层循环神经网络。其基础代码如下：

```
# 定义一个基本的 LSTM 网络结构作为循环体的基础结构
lstm_cell= tf.contrib.rnn.BasicLSTMCell
# 通过 MUltiRNNCell 实现深层循环神经网络中每一时刻的前向传播过程
#其中 number_of_layers 表示有多少层
stacked_lstm= tf.contrib.rnn.MultiRNNCell([lstm_cell(lstm_size)
            for _ in range(number_of_layers)])
# 和经典的循环神经网络一样，可以通过 zero_state 函数来获取初始状态
state=stacked_lstm.zero_state(batch_size,tf.float32)
# 计算每一时刻的前向传播结果
for i in range(len(num_steps)):
    if i>0: tf.get_variable_scope().reuse_variables()
    stacked_lstm_output,state=stacked_lstm(current_input,state)
```

```
final_output=fully_connected(stacked_lstm_output)
oss+=calc_loss(final_output,expected_output)
```

8.4　仿真实例

【例 8-1】

利用单层 LSTM 网络对余弦函数 cos x 的取值进行预测。

其源程序如下：

```
# 导入 TensorFlow、Numpy 和 Matplotlib
import tensorflow as tf
import numpy as np
import matplotlib.pyplot as plt


# LSTM 网络中隐藏节点的个数
HIDDEN_SIZE = 30
# 循环神经网络的训练序列长度
TIMESTEPS = 10
# 训练轮数
TRAINING_STEPS = 1000
# 批数据大小
BATCH_SIZE = 32
# 训练数据个数
TRAINING_EXAMPLES = 10000
# 测试数据个数
TESTING_EXAMPLES = 1000
# 采样间隔
SAMPLE_GAP = 0.01


# 定义序列产生函数
# 序列的第 i 项和后面的 TIMESTEPS-1 项合在一起作为输入，第 i + TIMESTEPS
    项作为输出，即：用 cos 函数前面的 TIMESTEPS 个点的信息预测第 i + TIMESTEPS
    个点的函数值
def generate_data(seq):
    X = []
    y = []
```

```
    for i in range(len(seq) - TIMESTEPS):
        X.append([seq[i: i + TIMESTEPS]])
        y.append([seq[i + TIMESTEPS]])
    return np.array(X, dtype=np.float32), np.array(y, dtype=np.float32)
```

\# 用余弦函数生成训练和测试数据集

```
test_start = (TRAINING_EXAMPLES + TIMESTEPS) * SAMPLE_GAP
test_end = test_start + (TESTING_EXAMPLES + TIMESTEPS) * SAMPLE_GAP
train_X, train_y = generate_data(np.cos(np.linspace(
    0, test_start, TRAINING_EXAMPLES + TIMESTEPS, dtype=np.float32)))
test_X, test_y = generate_data(np.cos(np.linspace(
    test_start, test_end, TESTING_EXAMPLES + TIMESTEPS, dtype=np.float32)))
```

\#定义 LSTM 网络模型函数

```
def lstm_model(X, y, is_training):
    cell = tf.contrib.rnn.BasicLSTMCell(HIDDEN_SIZE)
    # 使用 TensorFlow 接口将 LSTM 网络结构连接成 RNN 网络，并计算其前向传播结果
    outputs, _ = tf.nn.dynamic_rnn(cell, X, dtype=tf.float32)
    output = outputs[:, -1, :]
    # 对 LSTM 网络的输出再加一层全连接层并计算损失函数，这里默认的损失函数
    # 为均方差损失函数
    predictions = tf.contrib.layers.fully_connected(
        output, 1, activation_fn=None)
    # 只在训练时计算损失函数和优化步骤，测试时直接返回预测结果
    if not is_training:
        return predictions, None, None
    # 计算损失函数
    loss = tf.losses.mean_squared_error(labels=y, predictions=predictions)
    # 创建模型优化器并得到优化步骤
    train_op = tf.contrib.layers.optimize_loss(
        loss, tf.train.get_global_step(),
        optimizer="Adagrad", learning_rate=0.1)
    return predictions, loss, train_op
```

\#定义评估函数

```
def run_eval(sess, test_X, test_y):
    # 将测试数据以数据集的方式提供给计算图
    ds = tf.data.Dataset.from_tensor_slices((test_X, test_y))
```

```python
    ds = ds.batch(1)
    X, y = ds.make_one_shot_iterator().get_next()
    # 调用模型得到计算结果
    with tf.variable_scope("model", reuse=True):
        prediction, _, _ = lstm_model(X, [0.0], False)
    # 将预测结果存入一个数组
    predictions = []
    labels = []
    for i in range(TESTING_EXAMPLES):
        p, l = sess.run([prediction, y])
        predictions.append(p)
        labels.append(l)
    # 计算 rmse 作为评价指标
    predictions = np.array(predictions).squeeze()
    labels = np.array(labels).squeeze()
    rmse = np.sqrt(((predictions - labels) ** 2).mean(axis=0))
    print("Root Mean Square Error is: %f" % rmse)
    #对预测的 cos 函数曲线进行绘图
    plt.figure()
    plt.plot(predictions,"b-", label='predictions')
    plt.plot(labels,"r:", label='real_cos')
    plt.legend()
    plt.show()
    # 将训练数据以数据集的方式提供给计算图
ds = tf.data.Dataset.from_tensor_slices((train_X, train_y))
ds = ds.repeat().shuffle(1000).batch(BATCH_SIZE)
X, y = ds.make_one_shot_iterator().get_next()

# 定义模型，得到预测结果、损失函数和训练操作
with tf.variable_scope("model"):
    _, loss, train_op = lstm_model(X, y, True)

with tf.Session() as sess:
    sess.run(tf.global_variables_initializer())
    # 测试在训练之前的模型效果
    print ("Evaluate model before training.")
    run_eval(sess, test_X, test_y)
    # 训练模型
```

```
for i in range(TRAINING_STEPS):
    _, l = sess.run([train_op, loss])
    if i % 100 == 0:
        print("train step: " + str(i) + ", loss: " + str(l))
# 使用训练好的模型对测试数据进行预测
print ("Evaluate model after training.")
run_eval(sess, test_X, test_y)
```

#输出
train step: 0, loss: 0.5187422
train step: 100, loss: 0.0034236694
train step: 200, loss: 0.002465481
train step: 300, loss: 0.001754622
train step: 400, loss: 0.0019543713
train step: 500, loss: 0.0013787266
train step: 600, loss: 0.0012517594
train step: 700, loss: 0.0011394161
train step: 800, loss: 0.0009869644
train step: 900, loss: 0.0006763028
Evaluate model after training.
Root Mean Square Error is: 0.027213

输出的 LSTM 预测余弦波形如图 8.15 所示。

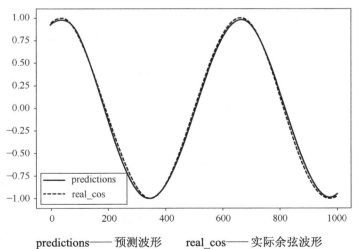

predictions——预测波形　　　real_cos——实际余弦波形

图 8.15　输出 LSTM 预测余弦波形

【例 8-2】

利用 2 层 LSTM 网络识别 MNIST 手写字体。

其源程序如下：

```
#导入 TensorFlow
import tensorflow as tf
#读取经典的 MNIST 数据集
#使用 one-hot 独热码，每个稀疏向量只有标签类值是 1，其他类是 0
from tensorflow.examples.tutorials.mnist import input_data
mnist = input_data.read_data_sets("MNIST_data/", one_hot=True)

# 输入图像大小
n_input = 28
# 时间序列长度
n_steps = 28
# 隐藏层单元数量
n_hidden = 128
#数字种类
n_classes = 10
# 清除默认图形堆栈并重置全局默认图形
tf.reset_default_graph()

# 输入数据占位符
x = tf.placeholder("float", [None, n_steps, n_input])
#数据标签占位符
y = tf.placeholder("float", [None, n_classes])

# 将输入数据按列进行拆分
x1 = tf.unstack(x, n_steps, 1)

# 建立 2 层的 LSTM 函数结构
lstm_cell = tf.nn.rnn_cell.MultiRNNCell([tf.nn.rnn_cell.BasicLSTMCell
            (n_hidden)\ for _ in range(2)])
#使用 TensorFlow 接口将 LSTM 函数结构连接成 RNN 网络，并计算其前向传播结果
outputs, states = tf.contrib.rnn.static_rnn(lstm_cell, x1, dtype
            = tf.float32)
#对 LSTM 网络的输出再加一层全连接层，并计算损失函数
```

```
pred = tf.contrib.layers.fully_connected(outputs[-1],
        n_classes,activation_fn = None)

#超参数: 学习率, 训练次数, 批大小
learning_rate = 0.001
training_iters = 100000
batch_size = 128

#交叉熵损失函数,用 reduce_sum()求和
cost = tf.reduce_mean(tf.nn.softmax_cross_entropy_with_logits(logits=
        pred, labels=y))
#使用梯度下降优化函数
optimizer = tf.train.AdamOptimizer(learning_rate
            =learning_rate).minimize(cost)

#计算预测准确率, 将预测值与标签值进行比较
#argmax()返回张量最大值的索引
#equal()判断向量是否相等, 返回布尔值
#cast(correct_pred, 'float'))强制类型转化, 将布尔值转化为浮点值
#reduce_mean()求均值
correct_pred = tf.equal(tf.argmax(pred,1), tf.argmax(y,1))
accuracy = tf.reduce_mean(tf.cast(correct_pred, tf.float32))

# 图计算
with tf.Session() as sess:
    #变量初始化
    sess.run(tf.global_variables_initializer())
    step = 1
    while step * batch_size < training_iters:
        batch_x, batch_y = mnist.train.next_batch(batch_size)
        # 形状转化, 转化为28×28 像素矩阵
        batch_x = batch_x.reshape((batch_size, n_steps, n_input))
        sess.run(optimizer, feed_dict={x: batch_x, y: batch_y})
        if step % 100 == 0:
            # 计算批次数据的准确率
            acc = sess.run(accuracy, feed_dict={x: batch_x, y: batch_y})
            # 计算损失函数
            loss = sess.run(cost, feed_dict={x: batch_x, y: batch_y})
```

```
            print ("Iter " + str(step*batch_size)+ ", Minibatch Loss= " + \
                "{:.6f}".format(loss) + ", Training Accuracy= " + \
                "{:.5f}".format(acc))
        step += 1
    print (" Finished!")

    # 计算测试模型训练准确率
    test_len = 128
    test_data = mnist.test.images[:test_len].reshape((-1, n_steps,
                n_input))
    test_label = mnist.test.labels[:test_len]
    print ("测试模型训练结果:", \
        sess.run(accuracy, feed_dict={x: test_data, y: test_label}))


    #输出
    Iter 12800, Minibatch Loss= 0.565662, Training Accuracy= 0.80469
    Iter 25600, Minibatch Loss= 0.221843, Training Accuracy= 0.92969
    Iter 38400, Minibatch Loss= 0.213669, Training Accuracy= 0.93750
    Iter 51200, Minibatch Loss= 0.155152, Training Accuracy= 0.96094
    Iter 64000, Minibatch Loss= 0.114832, Training Accuracy= 0.96875
    Iter 76800, Minibatch Loss= 0.105740, Training Accuracy= 0.95312
    Iter 89600, Minibatch Loss= 0.096286, Training Accuracy= 0.96875
    Finished!
    测试模型训练结果: 0.984375
```

附录 **A**

Python 主要函数

A.1 Python 内置函数

名　　称	功　能　描　述
abs()	返回数字的绝对值
all()	判断给定的可迭代参数 iterable 中的所有元素是否都为 True，如果是返回 True，否则返回 False
any()	判断给定的可迭代参数 iterable 是否全部为 False，则返回 False，如果有一个为 True，则返回 True
ascii()	返回一个表示对象的字符串，但是对于字符串中的非 ASCII 字符则返回通过 repr() 函数使用 \x, \u 或 \U 编码的字符
bin()	返回一个整数 int 或者长整数 long int 的二进制表示
bool()	将给定参数转换为布尔类型，如果没有参数，返回 False
bytearray()	返回一个新字节数组。这个数组里的元素是可变的，并且每个元素的值范围: 0 <= x < 256
bytes()	返回一个新的 bytes 对象，该对象是一个 0 <= x < 256 区间内的整数不可变序列
callable()	检查一个对象是否是可调用的
chr()	用一个范围在 range（256）内的（就是 0~255）整数作参数，返回一个对应的字符

名　　称	功　能　描　述
classmethod()	修饰符对应的函数不需要实例化，不需要 self 参数，但第一个参数需要是表示自身类的 cls 参数，可以来调用类的属性、类的方法、实例化对象等
compile()	将一个字符串编译为字节代码
complex()	创建一个值为 real + imag * j 的复数或者转化一个字符串或数为复数
delattr()	删除属性
dict()	创建一个字典
dir()	不带参数时，返回当前范围内的变量、方法和定义的类型列表；带参数时，返回参数的属性、方法列表
divmod()	把除数和余数运算结果结合起来，返回一个包含商和余数的元组（a // b, a % b）
enumerate()	将一个可遍历的数据对象（如列表、元组或字符串）组合为一个索引序列，同时列出数据和数据下标，一般用在 for 循环当中
eval()	执行一个字符串表达式，并返回表达式的值
exec()	执行储存在字符串或文件中的 Python 语句
filter()	过滤序列，过滤掉不符合条件的元素，返回由符合条件元素组成的新列表
float()	用于将整数和字符串转换成浮点数
format()	格式化字符串
frozenset()	返回一个冻结的集合，冻结后集合不能再添加或删除任何元素
getattr()	返回一个对象属性值
globals()	以字典类型返回当前位置的全部全局变量
hasattr()	用于判断对象是否包含对应的属性
hash()	获取取一个对象（字符串或者数值等）的哈希值
help()	用于查看函数或模块用途的详细说明
hex()	用于将 10 进制整数转换成 16 进制，以字符串形式表示
id()	用于获取对象的内存地址
input()	函数接受一个标准输入数据，返回为 string 类型
int()	用于将一个字符串或数字转换为整型
isinstance()	判断一个对象是否是一个已知的类型
issubclass()	判断参数 class 是否是类型参数 classinfo 的子类
iter()	生成迭代器
len()	返回对象（字符、列表、元组等）长度或项目个数
list()	将元组或字符串转换为列表
locals()	以字典类型返回当前位置的全部局部变量
map()	根据提供的函数对指定序列做映射

续表

名　称	功　能　描　述
max()	回给定参数的最大值，参数可以为序列
memoryview()	返回给定参数的内存查看对象
min()	返回给定参数的最小值，参数可以为序列
next()	返回迭代器的下一个项目
object()	基类
oct()	将一个整数转换成 8 进制字符串
open()	打开一个文件
ord()	chr() 函数（对于 8 位的 ASCII 字符串）或 unichr() 函数（对于 Unicode 对象）的配对函数，它以一个字符（长度为 1 的字符串）作为参数，返回对应的 ASCII 数值，或者 Unicode 数值
pow()	返回 x 的 y 次方的值
print()	用于打印输出
property()	在新式类中返回属性值
range()	可创建一个整数列表，一般用在 for 循环中
repr()	将对象转化为供解释器读取的形式
reversed()	返回一个反转的迭代器
round()	返回浮点数 x 的四舍五入值
set()	建一个无序不重复元素集，可进行关系测试，删除重复数据，还可以计算交集、差集、并集等
setattr()	用于设置属性值，该属性必须存在
slice()	实现切片对象，主要用在切片操作函数里的参数传递
sorted()	对所有可迭代的对象进行排序操作
staticmethod()	返回函数的静态方法
str()	将对象转化为适于人阅读的形式
sum()	对系列进行求和计算
super()	用于调用父类（超类）的一个方法
tuple()	将列表转换为元组
type()	只有第一个参数则返回对象的类型，三个参数返回新的类型对象
vars()	返回对象 object 的属性和属性值的字典对象
zip()	将可迭代的对象作为参数，将对象中对应的元素打包成一个个元组，然后返回由这些元组组成的列表
__import__()	用于动态加载类和函数

A.2　字符串内置函数

名　称	功 能 描 述
capitalize()	将字符串的第一个字符转换为大写
center(width, fillchar)	返回一个指定的宽度 width 居中的字符串，fillchar 为填充的字符，默认为空格
count(str, beg= 0, end=len(string))	返回 str 在 string 里面出现的次数，如果 beg 或者 end 指定则返回指定范围内 str 出现的次数
bytes.decode(encoding="utf-8", errors="strict")	解码给定的 bytes 对象，这个 bytes 对象可以由 str.encode() 来编码返回
encode(encoding='UTF-8',errors='strict')	以 encoding 指定的编码格式编码字符串，如果出错默认报一个 ValueError 的异常，除非 errors 指定的是'ignore'或者'replace'
endswith(suffix, beg=0, end=len(string))	检查字符串是否以 obj 结束，如果 beg 或者 end 指定则检查指定的范围内是否以 obj 结束，如果是，返回 True,否则返回 False
expandtabs(tabsize=8)	把字符串 string 中的 tab 符号转为空格，tab 符号默认的空格数是 8
find(str, beg=0 end=len(string))	检测 str 是否包含在字符串中，如果指定范围 beg 和 end ，则检查是否包含在指定范围内，如果包含返回开始的索引值，否则返回-1
index(str, beg=0, end=len(string))	跟 find()方法一样，只不过如果 str 不在字符串中会报一个异常
isalnum()	如果字符串至少有一个字符并且所有字符都是字母或数字则返 回 True,否则返回 False
isalpha()	如果字符串至少有一个字符并且所有字符都是字母则返回 True, 否则返回 False
isdigit()	如果字符串只包含数字则返回 True 否则返回 False
islower()	如果字符串中包含至少一个区分大小写的字符，并且所有这些（区分大小写的）字符都是小写，则返回 True，否则返回 False
isnumeric()	如果字符串中只包含数字字符，则返回 True，否则返回 False
isspace()	如果字符串中只包含空白，则返回 True，否则返回 False
istitle()	如果字符串是标题化的（见 title()）则返回 True，否则返回 False
isupper()	如果字符串中包含至少一个区分大小写的字符，并且所有这些（区分大小写的）字符都是大写，则返回 True，否则返回 False
join(seq)	以指定字符串作为分隔符，将 seq 中所有的元素（以字符串表示）合并为一个新的字符串
len(string)	返回字符串长度

名　称	功　能　描　述
ljust(width[, fillchar])	返回一个原字符串左对齐,并使用 fillchar 填充至长度 width 的新字符串，fillchar 默认为空格
lower()	转换字符串中所有大写字符为小写
lstrip()	截掉字符串左边的空格或指定字符
maketrans()	创建字符映射的转换表，对于接受两个参数的最简单的调用方式，第一个参数是字符串，表示需要转换的字符，第二个参数也是字符串表示转换的目标
max(str)	返回字符串 str 中最大的字母
min(str)	返回字符串 str 中最小的字母
replace(old, new [, max])	把 将字符串中的 str1 替换成 str2,如果 max 指定，则替换不超过 max 次
rfind(str, beg=0,end=len(string))	类似于 find()函数，不过是从右边开始查找
rindex(str, beg=0, end=len(string))	类似于 index()，不过是从右边开始
rjust(width,[, fillchar])	返回一个原字符串右对齐,并使用 fillchar(默认空格）填充至长度 width 的新字符串
rstrip()	删除字符串字符串末尾的空格
split(str="", num=string.count(str))	num=string.count(str)) 以 str 为分隔符截取字符串，如果 num 有指定值，则仅截取 num 个子字符串
splitlines([keepends])	按照行('\r', '\r\n', \n')分隔，返回一个包含各行作为元素的列表，如果参数 keepends 为 False，不包含换行符，如果为 True，则保留换行符
startswith(str, beg=0,end=len(string))	检查字符串是否是以 obj 开头，是则返回 True，否则返回 False。如果 beg 和 end 指定值，则在指定范围内检查
strip([chars])	在字符串上执行 lstrip()和 rstrip()
swapcase()	将字符串中大写转换为小写，小写转换为大写
title()	返回"标题化"的字符串,就是说所有单词都是以大写开始，其余字母均为小写（见 istitle()）
translate(table, deletechars="")	根据 str 给出的表（包含 256 个字符）转换 string 的字符，要过滤掉的字符放到 deletechars 参数中
upper()	转换字符串中的小写字母为大写
zfill (width)	返回长度为 width 的字符串，原字符串右对齐，前面填充 0
isdecimal()	检查字符串是否只包含十进制字符，如果是返回 True，否则返回 False

A.3　列表内置函数和方法

名　　称	功　能　描　述
len(list)	列表元素个数
max(list)	返回列表元素最大值
min(list)	返回列表元素最小值
list(seq)	将元组转换为列表
list.append(obj)	在列表末尾添加新的对象
list.count(obj)	统计某个元素在列表中出现的次数
list.extend(seq)	在列表末尾一次性追加另一个序列中的多个值（用新列表扩展原来的列表）
list.index(obj)	从列表中找出某个值第一个匹配项的索引位置
list.insert(index, obj)	将对象插入列表
list.pop([index=-1])	移除列表中的一个元素（默认最后一个元素），并且返回该元素的值
list.remove(obj)	移除列表中某个值的第一个匹配项
list.reverse()	将列表中元素反向
list.sort(cmp=None, key=None, reverse=False)	对原列表进行排序
list.clear()	清空列表
list.copy()	复制列表

A.4　元组内置函数

名　　称	功　能　描　述
len(tuple)	计算元组元素个数
max(tuple)	返回元组中元素最大值
min(tuple)	返回元组中元素最小值
tuple(seq)	将列表转换为元组

A.5　字典内置函数和方法

名　称	功　能　描　述
len(dict)	计算字典元素个数，即键的总数
str(dict)	输出字典，以可打印的字符串表示
type(variable)	返回输入的变量类型，如果变量是字典就返回字典类型
radiansdict.clear()	删除字典内所有元素
radiansdict.copy()	返回一个字典的浅复制
radiansdict.fromkeys()	创建一个新字典，以序列 seq 中元素做字典的键，val 为字典所有键对应的初值
radiansdict.get(key, default=None)	返回指定键的值，如果值不在字典中返回 default 值
key in dict	如果键在字典 dict 里返回 True，否则返回 False
radiansdict.items()	以列表返回可遍历的（键，值）元组数组
radiansdict.keys()	返回一个迭代器，可以使用 list() 来转换为列表
radiansdict.setdefault(key, default=None)	和 get() 类似，但如果键不存在于字典中，将会添加键并将值设为 default
radiansdict.update(dict2)	把字典 dict2 的键/值对更新到 dict 里
radiansdict.values()	返回一个迭代器，可以使用 list() 来转换为列表
pop(key[,default])	删除字典给定键 key 所对应的值，返回值为被删除的值。key 值必须给出。否则，返回 default 值
popitem()	随机返回并删除字典中的一对键和值（一般删除末尾对）

A.6　集合内置函数

名　称	功　能　描　述
add()	为集合添加元素
clear()	移除集合中的所有元素
copy()	拷贝一个集合
difference()	返回多个集合的差集
difference_update()	移除集合中的元素，该元素在指定的集合也存在
discard()	删除集合中指定的元素
intersection()	返回集合的交集
intersection_update()	删除集合中的元素，该元素在指定的集合中不存在

续表

名　称	功 能 描 述
isdisjoint()	判断两个集合是否包含相同的元素，如果没有返回 True，否则返回 False
issubset()	判断指定集合是否为该方法参数集合的子集
issuperset()	判断该方法的参数集合是否为指定集合的子集
pop()	随机移除元素
remove()	移除指定元素
symmetric_difference()	返回两个集合中不重复的元素集合
symmetric_difference_update()	移除当前集合中在另外一个指定集合相同的元素，并将另外一个指定集合中不同的元素插入到当前集合中
union()	返回两个集合的并集
update()	给集合添加元素

附录 B

TensorFlow 主要函数

　　TensorFlow 的主要函数有：算术运算，张量相关运算，矩阵相关运算，复数操作，归约计算，分割操作，序列比较与索引提取，神经网络相关操作，保存与恢复变量等。

B.1　算术操作

操　作	描　述
tf.add(x, y, name=None)	求和
tf.subtract(x, y, name=None)	减法
tf.multiply(x, y, name=None)	乘法
tf.divide(x, y, name=None)	除法
tf.mod(x, y, name=None)	取模
tf.abs(x, name=None)	求绝对值
tf.negative(x, name=None)	取负 $(y = -x)$
tf.sign(x, name=None)	返回符号 $y = sign(x) = -1 \ if \ x < 0; \ 0 \ if \ x == 0; \ 1 \ if \ x > 0$
tf.reciprocal (x, name=None)	取反
tf.square(x, name=None)	计算平方 $(y = x * x = x^2)$
tf.round(x, name=None)	舍入最接近的整数
tf.sqrt(x, name=None)	开根号 $(y = \sqrt{x} = x^{1/2})$
tf.pow(x, y, name=None)	幂次方

续表

操　作	描　述
tf.exp(x, name=None)	计算 e 的次方
tf.log(x, name=None)	计算 log，一个输入计算 e 的 ln，两输入以第二输入为底
tf.maximum(x, y, name=None)	返回最大值 (x > y ? x : y)
tf.minimum(x, y, name=None)	返回最小值 (x < y ? x : y)
tf.cos(x, name=None)	三角函数 cosine
tf.sin(x, name=None)	三角函数 sine
tf.tan(x, name=None)	三角函数 tan
tf.atan(x, name=None)	三角函数 ctan

B.2　张量相关运算

数据类型转换

操　作	描　述
tf.string_to_number (string_tensor, out_type=None, name=None)	字符串转为数字
tf.to_double(x, name='ToDouble')	转为 64 位浮点类型——loat64
tf.to_float(x, name='ToFloat')	转为 32 位浮点类型——float32
tf.to_int32(x, name='ToInt32')	转为 32 位整型——int32
tf.to_int64(x, name='ToInt64')	转为 64 位整型——int64
tf.cast(x, dtype, name=None)	将 x 或者 x.values 转换为 dtype

形状操作

操　作	描　述
tf.shape(input, name=None)	返回数据的 shape
tf.size(input, name=None)	返回数据的元素数量
tf.rank(input, name=None)	返回 tensor 的 rank 注意：此 rank 不同于矩阵的 rank，tensor 的 rank 表示一个 tensor 需要的索引数目来唯一表示任何一个元素
tf.reshape(tensor, shape, name=None)	改变 tensor 的形状。如果 shape 有元素[-1],表示在该维度打平至一维
tf.expand_dims(input, axis, name=None)	插入维度 1 进入一个 tensor 中

切片与合并

操　作	描　述
tf.slice(input_, begin, size, name=None)	对 tensor 进行切片操作。其中 size[i] = input.dim_size(i) - begin[i] 该操作要求 0 <= begin[i] <= begin[i] + size[i] <= Di for i in [0, n]
tf.split(value, num_or_size_splits, axis=0, num=None, name=" split")	沿着某一维度将 tensor 分离为 num_or_size_splits
tf.concat(concat_dim, values, name=' concat')	沿着某一维度连接 tensor 如果想沿着 tensor 一新轴连接打包，那么可以：tf.concat(axis, [tf.expand_dims(t, axis) for t in tensors])
tf.unstack(value, num=None, axis=0, name=" unstuck")	将输入的 value 按照指定行或列进行拆分，并输出含有 num 个元素的列表。axis=0 表示按行拆分，axis=1 表示按列拆分
tf.pack(values, axis=0, name=' pack')	将一系列 rank-R 的 tensor 打包为一个 rank-(R+1)的 tensor
tf.reverse(tensor, dims, name=None)	沿着某维度进行序列反转 其中 dim 为列表，元素为 bool 型，size 等于 rank(tensor)
tf.transpose(a, perm=None, name=' transpose')	调换 tensor 的维度顺序 按照列表 perm 的维度排列调换 tensor 顺序
tf.gather(params, indices, validate_indices=None, name=None)	合并索引 indices 所指示 params 中的切片
tf.one_hot (indices, depth, on_value=None, off_value=None, axis=None, dtype=None, name=None)	独热码

B.3   矩阵相关运算

操　作	描　述
tf.diag(diagonal, name=None)	返回一个给定对角值的对角 tensor
tf.diag_part(input, name=None)	功能与上面相反
tf.trace(x, name=None)	求一个 2 维 tensor 足迹，即对角值 diagonal 之和
tf.transpose(a, perm=None, name=' transpose')	调换 tensor 的维度顺序 按照列表 perm 的维度排列调换 tensor 顺序

续表

操　作	描　述
tf.matmul(a, b, transpose_a=False, transpose_b=False, a_is_sparse=False, b_is_sparse=False, name=None)	矩阵相乘
tf.matrix_determinant(input, name=None)	返回方阵的行列式
tf.matrix_inverse(input, adjoint=None, name=None)	求方阵的逆矩阵，adjoint 为 True 时，计算输入共轭矩阵的逆矩阵
tf.cholesky(input, name=None)	对输入方阵 cholesky 分解，即把一个对称正定的矩阵表示成一个下三角矩阵 L 和其转置的乘积的分解 A=LL^T
tf.matrix_solve(matrix, rhs, adjoint=None, name=None)	求解 tf.matrix_solve(matrix, rhs, adjoint=None, name=None) matrix 为方阵 shape 为 [M,M]，rhs 的 shape 为 [M,K]，output 为[M,K]

B.4　复数操作

操　作	描　述
tf.complex(real, imag, name=None)	将两实数转换为复数形式
tf.conj(input, name=None)	计算共轭复数
tf.imag(input, name=None) tf.real(input, name=None)	提取复数的虚部和实部
tf.fft(input, name=None)	计算一维的离散傅里叶变换，输入数据类型为 complex64

B.5　归约计算

操　作	描　述
tf.reduce_sum(input_tensor, axis =None, keep_dims=False, name=None)	计算输入 tensor 元素的和，或者按照 reduction_indices 指定的轴进行求和
tf.reduce_prod(input_tensor, axis =None, keep_dims=False, name=None)	计算输入 tensor 元素的乘积，或者按照 reduction_indices 指定的轴进行求乘积

续表

操　　作	描　　述
tf.reduce_min(input_tensor, axis =None, keep_dims=False, name=None)	求 tensor 中最小值
tf.reduce_max(input_tensor, axis =None, keep_dims=False, name=None)	求 tensor 中最大值
tf.reduce_mean(input_tensor, axis =None, keep_dims=False, name=None)	求 tensor 中平均值
tf.reduce_all(input_tensor, axis=None, keep_dims=False, name=None)	对 tensor 中各个元素求逻辑'与'
tf.reduce_any(input_tensor, axis =None, keep_dims=False, name=None)	对 tensor 中各个元素求逻辑'或'
tf.accumulate_n(inputs, shape=None, tensor_dtype=None, name=None)	计算一系列 tensor 的和
tf.cumsum(x, axis=0, exclusive=False, reverse=False, name=None)	求累积和

B.6　分割操作

操　　作	描　　述
tf.segment_sum(data, segment_ids, name=None)	根据 segment_ids 的分段计算各个片段的和。其中，segment_ids 为一个 size 与 data 第一维相同的 tensor；id 为 int 型数据，最大 id 不大于 size
tf.segment_prod(data, segment_ids, name=None)	根据 segment_ids 的分段计算各个片段的积
tf.segment_min(data, segment_ids, name=None)	根据 segment_ids 的分段计算各个片段的最小值
tf.segment_max(data, segment_ids, name=None)	根据 segment_ids 的分段计算各个片段的最大值
tf.segment_mean(data, segment_ids, name=None)	根据 segment_ids 的分段计算各个片段的平均值

续表

操　作	描　述
tf.unsorted_segment_sum(data, segment_ids, num_segments, name=None)	与 tf.segment_sum 函数类似，不同之处在于 segment_ids 中 id 顺序可以是无序的
tf.sparse_segment_sum(data, indices, segment_ids, name=None)	输入进行稀疏分割求和

B.7　序列比较与索引提取

操　作	描　述
tf.argmin(input, axis, name=None)	返回 input 最小值的索引 index
tf.argmax(input, axis, name=None)	返回 input 最大值的索引 index
tf.setdiff1d(x, y, name=None)	返回 x, y 中不同值的索引
tf.where(input, name=None)	返回 bool 型 tensor 中为 True 的位置
tf.unique(x, name=None)	返回一个元组 tuple(y,idx)，y 为 x 的列表的唯一化数据列表，idx 为 x 数据对应 y 元素的 index
tf.invert_permutation(x, name=None)	置换 x 数据与索引的关系

B.8　神经网络相关操作

初值产生函数

函数名称	功　能　介　绍
tf.zeros	产生全 0 数组
tf.ones	产生全 1 数组
tf.fill	产生一个全部为给定值的数组
tf.constant	产生一个给定值的常数
tf.random_normal	正态分布
tf.truncated_normal	正态分布，但如果随机产生的值偏离平均值超过 2 个标准差，这个数将重新产生
tf.random_uniform	均匀分布
tf.random_gamma	Gamma 分布

激活函数

操　　作	描　　述
tf.nn.relu(features, name=None)	整流函数：max(features, 0)
tf.nn.relu6(features, name=None)	以 6 为阈值的整流函数：min(max(features, 0), 6)
tf.nn.elu(features, name=None)	elu 函数，exp(features) - 1 if < 0,否则 features
tf.nn.softplus(features, name=None)	计算 softplus：log(exp(features) + 1)
tf.nn.dropout(x, keep_prob, noise_shape=None, seed=None, name=None)	计算 dropout，keep_prob 为 keep 概率 noise_shape 为噪声的 shape
tf.nn.bias_add(value, bias, data_format=None, name=None)	对 value 加一偏置量 此函数为 tf.add 的特殊情况，bias 仅为一维， 函数通过广播机制进行与 value 求和， 数据格式可以与 value 不同，返回为与 value 相同格式
tf.sigmoid(x, name=None)	$y = 1 / (1 + exp(-x))$
tf.tanh(x, name=None)	双曲线切线激活函数

卷积函数

操　　作	描　　述
tf.nn.conv2d(input, filter, strides, padding, use_cudnn_on_gpu=None, data_format=None, name=None)	在给定的 4D input 与 filter 下计算 2D 卷积 输入 shape 为 [batch, height, width, in_channels]
tf.nn.conv3d(input, filter, strides, padding, name=None)	在给定的 5D input 与 filter 下计算 3D 卷积 输入 shape 为[batch, in_depth, in_height, in_width, in_channels]

池化函数

操　　作	描　　述
tf.nn.avg_pool(value, ksize, strides, padding, data_format=' NHWC' , name=None)	均值池化
tf.nn.max_pool(value, ksize, strides, padding, data_format=' NHWC' , name=None)	最大值池化
tf.nn.max_pool_with_argmax(input, ksize, strides, padding, Targmax=None, name=None)	返回一个二维元组(output,argmax)，最大值 pooling，返回最大值及其相应的索引
tf.nn.avg_pool3d(input, ksize, strides, padding, name=None)	3D 平均值 pooling
tf.nn.max_pool3d(input, ksize, strides, padding, name=None)	3D 最大值 pooling

数据标准化

操　作	描　述
tf.nn.l2_normalize(x, dim, epsilon=1e-12, name=None)	对维度 dim 进行 L2 范式标准化 output = x / sqrt(max(sum(x**2), epsilon))
tf.nn.sufficient_statistics(x, axes, shift=None, keep_dims=False, name=None)	计算与均值和方差有关的完全统计量 返回 4 维元组，*元素个数，*元素总和，*元素的平方和，*shift 结果
tf.nn.normalize_moments(counts, mean_ss, variance_ss, shift, name=None)	基于完全统计量计算均值和方差
tf.nn.moments(x, axes, shift=None, name=None, keep_dims=False)	直接计算均值与方差

损失函数

操　作	描　述
tf.nn.sigmoid_cross_entrop_with_logits(logits, labels, name=None)	计算输入 logits 和 labels 的交叉熵
tf.nn.softmax_cross_entrop_with_logits(logits, labels, name=None)	计算输入 logits 和 labels 的 softmax 交叉熵
tf.nn.sparse_softmax_cross_entrop_with_logits(logits, labels, name=None)	计算输入 logits 和 labels 的 softmax 交叉熵，logits 和 labels 不需要式 one-hot 编码
tf.nn.weighted_cross_entrop_with_logits(logits, labels, name=None)	在交叉熵的基础上给第一项乘以一个加权系数

分类函数

操　作	描　述
tf.nn.sigmoid_cross_entropy_with_logits (logits, targets, name=None)*	计算输入 logits, targets 的交叉熵
tf.nn.softmax(logits, name=None)	计算 softmax softmax[i, j] = exp(logits[i, j]) / sum_j(exp(logits[i, j]))
tf.nn.log_softmax(logits, name=None)	logsoftmax[i, j] = logits[i, j] - log(sum(exp(logits[i])))
tf.nn.softmax_cross_entropy_with_logits (logits, labels, name=None)	计算 logits 和 labels 的 softmax 交叉熵 logits, labels 必须为相同的 shape 与数据类型
tf.nn.sparse_softmax_cross_entropy_with_logits (logits, labels, name=None)	计算 logits 和 labels 的 softmax 交叉熵
tf.nn.weighted_cross_entropy_with_logits (logits, targets, pos_weight, name=None)	与 sigmoid_cross_entropy_with_logits() 相似，但给正向样本损失函数加了权重 pos_weight

循环神经网络

操　作	描　述
tf.nn.rnn(cell, inputs, initial_state=None, dtype=None, sequence_length=None, scope=None)	基于 RNNCell 类的实例 cell 建立循环神经网络
tf.nn.dynamic_rnn(cell, inputs, sequence_length=None, initial_state=None, dtype=None, parallel_iterations=None, swap_memory=False, time_major=False, scope=None)	基于 RNNCell 类的实例 cell 建立动态循环神经网络
tf.nn.state_saving_rnn(cell, inputs, state_saver, state_name, sequence_length=None, scope=None)	可储存调试状态的 RNN 网络
tf.nn.bidirectional_rnn(cell_fw, cell_bw, inputs, initial_state_fw=None, initial_state_bw=None, dtype=None, sequence_length=None, scope=None)	双向 RNN, 返回一个 3 元组 tuple (outputs, output_state_fw, output_state_bw)
tf.contrib.rnn.BasicLSTMCell(lstm_hidden_size, forget_bias=1.0, state_is_tuple=True, activation=None, reuse=None, name=None)	建立 LSTM 网络
tf.contrib.rnn.MultiRNNCell([lstm_cell(lstm_size) for _ in range(number_of_layers)])	建立多层 LSTM 网络
tf.contrib.rnn.DropoutWrapper(cell, input_keep_prob=1.0, output_keep_prob=1.0)	Dropout 方法

B.9　保存与恢复变量

操　作	描　述
tf.train.Saver (var_list=None, reshape=False, sharded=False, max_to_keep=5, keep_checkpoint_every_n_hours=10000.0, name=None, restore_sequentially=False, saver_def=None, builder=None)	创建一个存储器 Saver var_list 定义需要存储和恢复的变量
tf.train.Saver.save(sess, save_path, global_step=None, latest_filename=None, meta_graph_suffix=' meta' ,write_meta_graph=True)	保存变量
tf.train.Saver.restore(sess, save_path)	恢复变量
tf.train.Saver.last_checkpoints	列出最近未删除的 checkpoint 文件名
tf.train.Saver.set_last_checkpoints(last_checkpoints)	设置 checkpoint 文件名列表
tf.train.Saver.set_last_checkpoints_with_time(last_checkpoints_with_time)	设置 checkpoint 文件名列表和时间戳

参 考 文 献

[1] 腾讯研究院，等. 人工智能——国家人工智能战略行动抓手[M]. 北京：中国人民大学出版社，2017.

[2] 周志华. 机器学习 [M]. 北京：清华大学出版社，2016.

[3] Goodfellow I，Bengio Y，Courville A，著. 深度学习[M]. 赵申剑，等，译. 北京：人民邮电出版社，2017.

[4] HETLAND M，著. Python 基础教程（第 3 版）[M]. 袁国忠，译. 北京：人民邮电出版社，2018.

[5] Sweigart A，著. Python 编程快速上手——让繁琐工作自动化[M]. 王海鹏，译. 北京：人民邮电出版社，2016.

[6] 李佳宇. 零基础入门学习 Python [M]. 北京：清华大学出版社，2016.

[7] 王晓华. TensorFlow 深度学习应用实践[M]. 北京：清华大学出版社，2018.

[8] 李嘉璇. TensorFlow 技术解析与实践[M]. 北京：人民邮电出版社，2017.

[9] TensorFlow 中文官网：https://tensorflow.google.cn/.

[10] 何海群. 零起点 TensorFlow 快速入门[M]. 北京：电子工业出版社，2017.

[11] Mcclure N，著. TensorFlow 机器学习实战指南 [M]. 曾益强，译. 北京：机械工业出版社，2017.

[12] 包子阳，余继周，杨杉. 智能优化算法及其 MATLAB 实例（第 2 版）[M]. 北京：电子工业出版社，2018.

[13] 李金洪. 深度学习之 TensorFlow 入门、原理与进阶实战[M]. 北京：机械工业出版社，2018.

[14] 吴岸城. 神经网络与深度学习[M]. 北京：电子工业出版社，2016.

[15] 郑泽宇，梁博文，顾思宇. TensorFlow 实战 Google 深度学习框架（第 2 版）[M]. 北京：电子工业出版社，2018.

[16] 黄安埠. 深入浅出深度学习原理剖析与 Python 实践[M]. 北京：电子工业出版社，2017.

[17] 张玉宏. 深度学习之美——AI 时代的数据处理与最佳实践[M]. 北京：电子工业出版社，2018.